ドローン

学科試験

的中問題集

野波 健蔵［監修］ 佐藤 靖［著］

まえがき

2022年12月５日から始まった「無人航空機操縦者技能証明」制度は、早くも１年を迎えようとしております。制度の存在意義は日ごとに増しているのではないでしょうか。

そもそも無人航空機操縦者技能証明制度とは、無人航空機を飛行させるのに必要な知識及び能力を有することを国が証明する資格制度です。これを一般的には免許と呼んだりライセンスと呼んだりしています。ただ、この資格を有することで無人航空機を自由に飛ばせるかといえばそうではなく、型式認証を取得した機体を使う必要があり、機体の種類や飛行の方法などさまざまな条件があります。ここでは深く言及しませんが、しかし無人航空機操縦者技能証明の取得は、無人航空機を飛行させる上では重要な要素の一つといえます。

資格取得には、学科試験、実地試験という二つの試験と身体検査という一つの検査のすべてに合格する必要がありますが、本書は学科試験の対策として、具体的には試験の出題範囲全体において実際の出題形式に合わせた予想問題集となっています。

無人航空機操縦者技能証明には、一等と二等の区分があります。学科試験について、一等は75分で70問、二等は30分で50問と、１問に費やせる時間は非常に少なく、また、合格基準はそれぞれ90％程度、80％程度と、合格するには出題範囲全体にわたる正確な知識の習得が求められています。したがって、試験対策方法としては、出題範囲全体をひと通り学習した後に、本書を使って習得できたところと不十分なところを明らかにし、重点的に再学習するといったやり方が効率的と考えられます。

いうまでもなく、学科試験対策として習得した知識は、無人航空機を安全に飛行させるために必要な知識であることから、試験に合格すれば忘れてもいいものではありません。合格後もずっと忘れずに、むしろ実践の場で活用する必要があります。逆にいうと、実践の場で役に立つ知識の理解度が試験によって確認されるということです。一過性のものではない、真に役に立つ知識の習得の時と考えると、学習にもより力が入るというものではないでしょうか。

最後に、物資輸送やインフラ点検など社会の中で無人航空機の重要性が日に日に高まっています。本書を手に取られた皆さま一人ひとりが、そういった場で活躍されることを願ってやみません。

2023年11月

佐藤　靖

試験の概要

（1）無人航空機操縦士の種別

航空法改正が2015年12月より繰り返しなされ、2022年6月より機体登録制度とリモートIDの搭載義務化が開始、また12月より無人航空機操縦技能に関する国の証明制度である「無人航空機操縦者技能証明」制度が開始されることとなりました。

無人航空機操縦者技能資格としての種別は、ドローンを飛行させる条件により、一等無人航空機操縦士と二等無人航空機操縦士の二つに分かれます。それぞれに扱う機体の種類と最大離陸重量の区別により細分化されています。機体の種類は、回転翼航空機としてマルチローターとヘリコプターがあり、固定翼機として飛行機があります。最大離陸重量は基本が25kg未満であり、限定変更として25kg以上があります。さらに、飛行の方法も区別があり、基本となる昼間飛行に対して限定変更として夜間飛行があり、目視内飛行に対して限定変更として目視外飛行があります。

なお、無人航空機操縦者技能証明制度の成立により、二等免許に関しては、第二種型式認証を取得済みの機体を事前に登録検査機関に申請し、機体認証の交付を受けることで、飛行の方法によりますが事前の飛行許可・申請が原則不要となります。一方、一等免許に関しては、第一種型式認証を取得済みの機体を国土交通省に申請し、機体認証の交付を受け、一等免許を取得済みの操縦者が国土交通省航空局の飛行許可を事前に受けた場合に、飛行が可能となります。

ここで、一等免許は二等免許の上位にあたることから、当然ながら一等免許取得者は同時に二等免許資格も有します。さらに、上記の型式認証は機体メーカーが取得するもので、型式認証の取得がなくても機体認証は取得できます。

（2）試験申込みから資格取得までの流れ、学科試験の内容

次に、本資格取得にあたって、申込みから取得に至るまでの実際的な流れをみてみましょう。おおまかな流れとしては図1の流れとなります。

本資格を取得しようとする際には、まず民間資格をすでに取得しているかどうかで取得までの動きが変わってきます。また、民間資格を取得している希望者が登録講習機関で講習を受ける際には、講習の受講時間が非保有者（初学者）に比

べて短くなるといった優遇処置があります。試験申込みや各種申請に係るサイトや指定試験機関のHPは下記のとおりです。

[試験申込み・各種申請サイト]

国土交通省　ドローン情報基盤システム2.0（DIPS2.0）

URL：https://www.ossportal.dips.mlit.go.jp/portal/

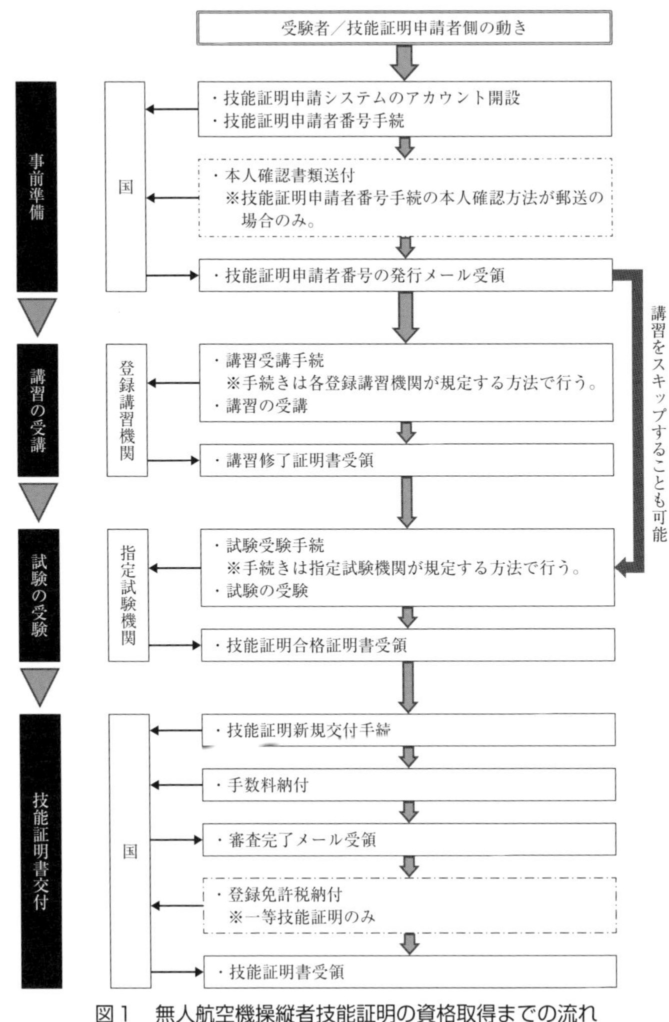

図1　無人航空機操縦者技能証明の資格取得までの流れ

[指定試験機関]

一般財団法人 日本海事協会

無人航空機操縦士試験機関ヘルプデスク

TEL：050 6861 9700

受付時間：９：00～17：00（土日・祝日・年末年始を除く）

専用サイト：https://ua-remote-pilot-exam.com/

学科試験の試験方式や合格基準などは表１のとおりです。

表１　学科試験の形式・合格基準

区　分	一　等	二　等
試験方式	CBT（Computer Based Testing）方式	同　左
出題範囲	国土交通省が発行する「無人航空機の飛行の安全に関する教則」に準拠	同　左
形式	三肢択一式	同　左
問題数	70問	50問
試験時間	75分	30分
合格基準	90％程度 （※試験問題１問ごとの難易度についての専門家による検討に基づいて設定されています）	80％程度 （※試験問題１問ごとの難易度についての専門家による検討に基づいて設定されています）
有効期間	合格の正式な通知日（学科試験合格証明番号の発行日）から起算して２年間	同　左

国土交通省航空局のHPには、「学科試験において求められる最低限の知識要件について」という項目で、「無人航空機の飛行の安全に関する教則」が挙げられており、この教則の３章「無人航空機に関する規則」から６章「運航上のリスク管理」までが、学科試験の内容に対応しています。

（３）実地試験の内容

実地試験は、実技の試験課題をこなすだけではなく、机上試験、口述試験もあわせて行われます。要するに、学科は学科、実地は実技のみとなっていないところがポイントで、学科試験の対策で学ぶ教則の内容が体系的に理解できているかどうかが問われています。

実地試験は一等、二等ともに、機体の種類（回転翼航空機（マルチローター）、回転翼航空機（ヘリコプター）、飛行機）ごとに、基本（昼間・目視内・最大離陸重量25kg未満）と限定の変更（夜間飛行、目視外飛行、最大離陸重量25kg以上）ごとに試験があります。

マルチローターの基本（昼間、目視内、最大離陸重量25kg未満）、夜間飛行、目視外飛行は、原則として集合試験方式で試験が開催されますが、最大離陸重量25kg以上と、ヘリコプターおよび飛行機の各種試験については出張試験方式で試験が開催されることも特徴的です。

合格基準は、100点の持ち点からの減点式採点法とされ、各試験科目終了時に一等では80点以上の持ち点を、二等では、70点以上の持ち点を確保した受験者が合格となります。

実地試験の詳細は、国土交通省航空局HP（https://www.mlit.go.jp/koku/license.html）か、姉妹書「ドローン操縦士免許　完全合格テキスト ―学科試験＋実地試験対応―」を参照してください。

（4）身体検査の内容

身体検査は、視力、色覚、聴力、運動能力等について一定の身体基準を満たしているか、確認されます。

その受検の方法ですが、①有効な公的証明書の提出、②医療機関の診断書の提出、③指定試験機関の身体検査受検のいずれかの方法があり、都合のいいものが選択できます。ただし、一等無人航空機操縦士試験で最大離陸重量25kg未満の限定を変更する場合の身体検査の方法は、②の医療機関の診断書の提出のみとなるので、注意が必要です。

なお、身体基準に満たない場合であっても、眼鏡、補聴器等の矯正器具を用いること又は機体に特殊な設備・機能を設けること等により、飛行の安全が確保されると認められる場合には、条件を付すことにより技能証明の付与が可能となる場合があります。また、身体検査の有効期間は、学科試験の有効期間（２年）と異なることに注意が必要です。

身体検査の詳細は、国土交通省航空局HP（https://www.mlit.go.jp/koku/license.html か、姉妹書「ドローン操縦士免許　完全合格テキスト ―学科試験＋実地試験対応―」を参照してください。

学科試験、実地試験、身体検査に合格して、技能証明書の交付手続を経て技能証明書を受領すれば晴れて資格取得者となります。

本書の使い方

本書は，学科試験の出題内容を規定する「無人航空機の飛行の安全に関する教則」の３章～６章に沿った構成となっています．

それぞれの単元を内容上細かく **POINT** に分けて，ポイント解説を行っていますので，まずここを理解しましょう．

その後，各ポイントごとに設けた **問題** にあたってみてください．実際の出題どおり三肢択一式としていますので，まず選んでみてください．

問題 を解いた後は，対応する **解説** で，正解に至る考え方，また正解ではない選択肢はなぜ正解ではないのか，などを解説していますので，ここでしっかりと理解を深めましょう．

一等無人航空機操縦士試験のみの出題内容とされている部分にはポイント解説，問題とも **一等** マークを付けています．二等無人航空機操縦士試験を受験される方は読み飛ばしてもかまいませんが，余裕があれば理解を深めるために一読されることお勧めします．

なお，姉妹書の「ドローン操縦士免許　完全合格テキスト 一学科試験＋実地試験対応一」は各単元ともさらに詳しい解説が掲載されていますので，本書とあわせて使うことで，より合格が近づくことでしょう．

本書を活用して，無人航空機操縦士のライセンスを獲得しましょう！

目　　次

4章　運航上のリスク管理 —— 187

1章 無人航空機に関する規則

1.1 航空法に関する一般知識

POINT

◆航空法における無人航空機の定義

無人航空機の定義は、次の三つの観点にまとめられる。

① 構造上、人が乗ることができない航空機

② 遠隔操作またはプログラムによる自動操縦により飛行させることができる航空機

③ バッテリーを含む機体本体重量が100 g 以上の航空機

注意点としては、次の三つがある。

注意点① 単に座席があるか・ないかではなく、航空機の大きさや、潜在的な能力を含めた構造・性能等により判断される。

注意点② 航空法上の無人航空機は当初の基準であった200 g 以上から、2022年 6 月20日より100 g 以上に改められた。100 g 未満のものは「模型航空機」に分類される。あわせて、小型無人航空機等飛行禁止法（警察庁が管轄する法令）が規制対象とする小型無人機は100 g 未満のものも含まれることに注意する。

注意点③ 機体本体重量にはバッテリーは含むが、バッテリー以外の取り外し可能な付属物は含まない。

問題1

航空法が定める無人航空機の定義として、誤っているものを一つ選びなさい。

1）操縦席がなく、外部から遠隔操作または自動操縦により乗客を運搬できる空飛ぶタクシー

2）予め複数の緯度・経度・高度を指定したポイント（ウェイポイント）を自

動的にトレースしながら飛行する機能を有するが、万が一の場合には送信機による遠隔操縦が可能となる機能も有する航空機

3）脱着が可能な動力用バッテリーを含む機体重量が200g以上の航空機

答え　1）

解説

無人航空機とは、単に座席の有無だけでなく、航空機の大きさや、潜在的な能力を含めて構造上人が乗ることができない航空機をいう。

問題2

航空法が規制する無人航空機、及び小型無人機等飛行禁止法が規制する無人航空機の説明として、正しいものを一つ選びなさい。

1）航空法と小型無人機等飛行禁止法の両方の法律ともに、機体重量が100g以上のものを規制の対象としている

2）航空法は機体重量が100g以上の航空機を規制の対象としているが、小型無人機等飛行禁止法は機体重量によらずすべての無人航空機を規制の対象にしている

3）航空法と小型無人機等飛行禁止法の両方の法律ともに、機体重量によることなくすべての無人航空機を規制の対象としている

答え　2）

解説

航空法は**機体重量が100g以上を無人航空機、100g未満を模型航空機**と定義している。一方で、小型無人機等飛行禁止法は機体重量による区分はない。

問題3

航空法が定める無人航空機の機体重量として、正しいものを一つ選びなさい。

1）バッテリーを含む機体重量が100 g 以上のもの

2）バッテリーを含まない機体重量が100 g 以上のもの

3）バッテリーを含む機体重量が200 g 以上のもの

答え　1）

解説

無人航空機の動力源となるバッテリー（取外し可能・不可を問わず）を含め、飛行が可能となる状態の重量で機体重量は計測される。

問題4

航空法が定める無人航空機の定義として、正しいものを一つ選びなさい。

1）構造上人が乗ることができないもの

2）カイト（凧）や紙飛行機といった小型軽量で空を飛ぶが、人も搭乗できず、外部からコントロールできないもの

3）気球やパラグライダーといった人が乗ることができる航空機

答え　1）

解説

カイト（凧）や紙飛行機は、遠隔操作又は自動操縦により飛行させることができないことから、無人航空機には該当しない。

気球やパラグライダー等、人が搭乗できる航空機も無人航空機には該当しない。ただし、特定航空用機器という分類で小型無人機等飛行禁止法の対象には当たる。

POINT

◆無人航空機の飛行に関する規則概要

―無人航空機の登録制度（概要）

無人航空機の登録制度のポイントは次の四つである。

①　すべての無人航空機は国の登録を受ける必要がある

②　登録の有効期限は３年である

③　無人航空機に登録記号を表示しなければならない

④　③に加えて、原則、識別情報を電波で遠隔発信するリモートIDを無人航空機に搭載しなければならない

問題5

無人航空機の登録制度の説明として、誤っているものを一つ選びなさい。

1）すべての無人航空機は国の登録を受ける必要がある

2）登録の有効期限は３年である

3）無人航空機には、登録記号の表示またはリモートIDの搭載のどちらかが必要である

答え　3）

解説

登録記号の表示はすべての無人航空機に必要である。またリモートIDの搭載も一部の例外を除き、原則、必要とされている。

問題6

無人航空機の登録制度の説明として、誤っているものを一つ選びなさい。

1）すべての無人航空機は国の登録を受ける必要があることから、模型航空機も国の登録を受ける必要がある

2）登録の有効期限は３年である

3）すべての無人航空機には、例外なく登録記号の表示と、一部の例外を除いて識別情報を電波で遠隔発信するリモートIDの搭載が義務付けられている

答え　1）

解説

機体重量が100 g 未満のものは模型航空機として定義され、無人航空機には含まれないことから、国の登録を受ける必要はない。

また、選択肢 3)の一部の例外とは、次の四つのケースに当てはまる場合である。

①無人航空機の登録制度の施行前（2022年 6 月19日）までの事前登録期間中に登録手続きを行った無人航空機

②予め国に届け出た特定区域（リモート ID 特定区域）の上空で行う飛行であって、無人航空機の飛行を監視するための補助者の配置、区域の範囲の明示等の必要な措置を講じた上で行う飛行

③長さが30 m 以内の十分な強度を有する紐（ひも）等により係留して行う飛行

④警察庁、都道府県警察又は海上保安庁が警備その他の特に秘匿を必要とする業務のために行う飛行

Memo

POINT

◆無人航空機の飛行に関する規則概要
─規制対象となる飛行の空域及び方法（特定飛行）

航空法では、安全航行の実現のために次の二つのポイントを担保することをわれわれ操縦者に求めている。

ポイント１　同じ空域を飛行する航空機の安全な航行
ポイント２　飛行経路上及び付近の第三者及び第三者の物件の安全

そして、この二つのポイントを踏まえた上で、飛行空域と飛行方法を規制している。

a. 規制の対象となる**四つの飛行空域**
（A）空港等の周辺の上空の空域
（B）消防、救助、警察業務その他の緊急用務を行うための航空機の飛行の安全を確保する必要がある空域
（C）地表又は水面から150 m 以上の高さの空域
（D）国勢調査の結果を受け設定されている人口集中地区の上空

b. 規制の対象となる**六つの飛行方法**
①　夜間飛行（日没後から日出まで）
②　操縦者の目視外での飛行（目視外飛行）
③　第三者又は第三者の物件との間の距離が30 m 未満での飛行
④　祭礼、縁日、展示会等、多数の者の集合する催しが行われている場所の上空での飛行
⑤　爆発物等、危険物の輸送
⑥　無人航空機からの物件の投下

なお、これら**四つの飛行空域と六つの飛行方法は、「特定飛行」と呼ばれ、原則、禁止されており、飛行させる場合には飛行許可・承認の申請が必要となる。**

問題7

航空法において、無人航空機の飛行で確保すべき安全に関する説明として、誤っているものを一つ選びなさい。

1）航空機の航行の安全
2）地上又は水上の人
3）地上の物件の安全

答え　3）

解説

選択肢1）及び2）は航空法で定義されているとおりである。
選択肢3）については、水上の物件の観点が抜けている。船舶に代表される水上の物件に関する安全の担保も当然ながら必要である。

問題8

「特定飛行」と呼ばれ、規制の対象となる飛行空域の説明として、誤っているものを一つ選びなさい。
1）空港の上空及び空港周辺の上空は飛行が禁止されている
2）海抜150ｍ以上の高さの空域
3）令和５年現在、令和２年の国勢調査の結果を受け設定されている人口集中地区の上空

答え　2）

解説

高度を測る基準は、海抜でなく無人航空機が飛行している直下の地面あるいは水面からの距離である。

問題9

規制の対象となる四つの飛行空域の説明として、誤っているものを一つ選びなさい。
1）国勢調査の結果を受け設定されている人口集中地区の上空
2）空港の上空及び空港周辺の上空
3）地表又は水面から150ｍ超の高さの空域

答え　3）

解説

飛行している航空機の直下の地表または水面から150 m **以上**の高さの空域の飛行が規制の対象となっている。細かい話であるが、地表または水面から150 mの高度は、規制の対象である。

問題10

航空法では航空機の航行の安全に影響を及ぼすおそれのある空域を規制の対象としているが、この説明として、誤っているものを一つ選びなさい。

1）空港等の周辺の上空の空域

2）地表又は水面から150 m 以上の高さの空域

3）消防、救助、警察業務その他の緊急用務を行う航空機の飛行の安全、及び鉄道、電力、通信等、民間企業のインフラ保全業務を行うための航空機の飛行の安全を確保する必要がある空域

答え　3）

解説

規制の対象になる空域には、国・自治体の関係機関が行う航空機を活用した活動のうち、捜索・救助その他緊急用務のための飛行空域が該当する。民間企業が行う活動は含まれていない。ただし、民間企業の飛行が、緊急用務に含まれていないからといって、彼らの飛行を妨害してよいわけではないことは当然である。無人航空機の飛行は、有人機の飛行の妨げになってはならない。

問題11

「特定飛行」と呼ばれ、規制の対象となる飛行の方法の説明として、誤っているものを一つ選びなさい。

1）夜間飛行（18時から６時まで）は飛行が禁止されている

2）第三者又は第三者の物件との間の距離が30 m 未満での飛行

3）爆発物等、危険物の輸送

答え　1）

解説

夜間飛行とは、日没から日出までの間をいう。一律の時間ではなく、実際の日没の時間から日出の時間であり、時期・季節等や場所によって当然異なる。

問題12

「特定飛行」と呼ばれ、規制の対象となる飛行の方法の説明として、誤っているものを一つ選びなさい。

1）操縦者もしくは監視者の常時目視監視下での飛行
2）祭礼、縁日、展示会等、多数の者の集合する催しが行われている場所の上空での飛行
3）無人航空機からの物件の投下

答え　1）

解説

目視外飛行は、原則、禁止されている。逆に目視内飛行とは、操縦者の直接の肉眼による目視下の飛行のことである。ここで、目視内とは、操縦者の肉眼（裸眼）またはコンタクト・眼鏡の着用の監視下をいい、望遠鏡・双眼鏡の使用による監視は目視内とは定義されていない。また、操縦者本人ではなく、他の補助者による監視も目視内とは定義されていない。

さらに、目視外飛行において、「補助者ありの目視外飛行」と「補助者なしの目視外飛行」の場合分けがある。当然ながら、「補助者なしの目視外飛行」の場合の方のリスクが高いことから、求められる準備の要件が高度なものになっている。具体的には、教則「6.4 飛行の方法に応じた運航リスクの評価及び最適な運航の計画の立案」に求められる要件の説明があるが、概要は次のとおりである。

「補助者ありの目視外飛行」では、飛行経路全体の安全と周辺環境の様子を監視できる補助者の配置や、自動操縦機能や機体の周辺を監視できるカメラの搭載、不具合発生時に対応できるフェイルセーフ機能が搭載された機体を用いること等が求められる。

「補助者なしの目視外飛行」では、補助者ありの場合の要件に加えて、そもそも第三者の立ち入りの可能性が低い場所を飛行経路に設定する、飛行経路下全体

にわたって地上から航空機の安全や飛行経路下及び周辺環境を確認できるといった措置が求められる。

問題13

特定飛行とは四つの飛行空域と六つの飛行の方法をいい、原則、禁止されている。この特定飛行の説明として、誤っているものを一つ選びなさい。

1）空港等の周辺の上空の空域
2）祭礼、縁日、展示会等、多数の者の集合する催しが行われている場所の上空での飛行
3）アルコールまたは薬物の影響下での飛行

答え　3）

解説

選択肢3）は特定飛行には含まれていない。ただし、四つの遵守事項の一つとして、操縦者に求められている事項である。

ちなみに、四つの遵守事項とは次のとおりである。

① アルコール又は薬物の影響下での飛行禁止
② 飛行前の確認
③ 航空機又は他の無人航空機との衝突防止
④ 他人に迷惑を及ぼす方法での飛行禁止

問題14

特定飛行とは四つの飛行空域と六つの飛行の方法をいい、原則、禁止されている。この特定飛行の説明として、正しいものを一つ選びなさい。

1）飛行前点検を行わずに飛行させる
2）航空機・他の無人航空機との衝突予防を行わずに飛行させる
3）無人航空機からの物件投下

答え　3）

解説

選択肢１)、２）とも決して行ってはならない行為ではあるが、いずれも特定飛行には含まれていない。これら二つの事項は、四つの遵守事項として操縦者に求められている事項である。

問題15

「操縦者の目視外での飛行（目視外飛行）」は特定飛行の一つとして規制されているが、目視外飛行の説明として、誤っているものを一つ選びなさい。

1）操縦者ではなく補助者の直接目視による監視によって飛行をさせる
2）無人航空機に搭載されたカメラのリアルタイム画像を、操縦者がモニター画面越しに見ながら周囲の安全を確認しながら飛行させる
3）操縦者が裸眼ではなく、眼鏡またはコンタクトレンズを着用した上で飛行させる

答え　3）

解説

目視外飛行とは、操縦者の直接目視によらない監視による飛行と定義されている。

このことから、選択肢１）の操縦者ではない補助者による監視も、選択肢２）のいわゆるFPV（First Person View）による飛行も、目視外飛行に該当する。

選択肢３）の操縦者の眼鏡もしくはコンタクトレンズ着用の上での監視による飛行は、目視内飛行である。また、操縦者が双眼鏡や望遠鏡を使用しての監視による飛行は、コンタクトレンズや眼鏡と同等の扱いにはならず、目視内飛行ではない。

問題16

「爆発物等、危険物の輸送」は特定飛行の一つとして規制されているが、危険物の説明として、正しいものを一つ選びなさい。

1）輸送物としてのマッチ、ライター

2）機体を駆動させるエンジンの燃料

3）安全装置として搭載するパラシュートを開傘させるための火薬及び高圧ガス

答え　1）

解説

機体を駆動させるためのガソリン・軽油等の燃料及びバッテリー、無人航空機に搭載したカメラ駆動用のバッテリー、そして安全装置を駆動させるための火薬類・ガス類は、無人航空機の飛行に必要なものであるが、これらは危険物には該当しない。しかし、輸送物としてのガソリンをはじめとする引火性液体や、散布のための農薬といった薬物等は危険物に該当する。

Memo

POINT

◆無人航空機の飛行に関する規則概要

無人航空機の飛行形態の分類（カテゴリーⅠ～Ⅲ）

これまで、ドローンの飛行方法に応じた分類の定義としてレベル1～4があったが、飛行の際のリスクの大きさに応じた分類として新たにカテゴリーⅠ、Ⅱ、Ⅲが定義された。カテゴリーⅠ、Ⅱ、Ⅲの説明は次のとおりである。

a. カテゴリーⅠ飛行

特定飛行に該当しない飛行（航空法上は手続きは特に必要なし）

b. カテゴリーⅡ飛行

特定飛行のうち、飛行経路下において第三者の立入りを管理する措置を講じた上で飛行させる

①カテゴリーⅡ A 飛行

- 空港周辺の飛行
- 高度150 m 以上の飛行
- 催し場所上空の飛行
- 危険物輸送の飛行
- 物件投下の飛行
- 最大離陸重量25 kg 以上の無人航空機の飛行

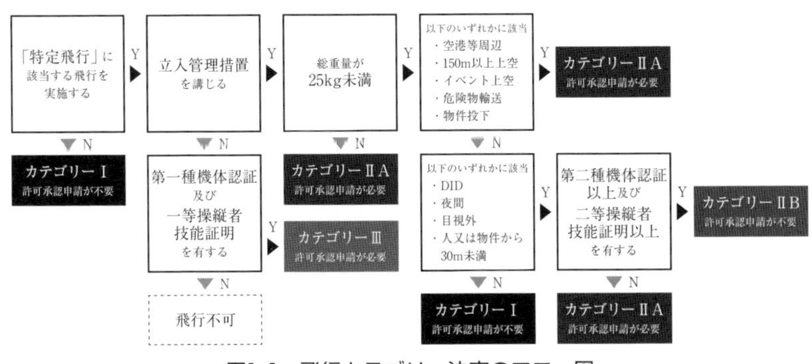

図1.1　飛行カテゴリー決定のフロー図
（出典：国土交通省　無人航空機の飛行許可・承認手続き
https://www.mlit.go.jp/koku/koku_fr10_000042.html）

②カテゴリーⅡ B 飛行

・カテゴリーⅡ A 以外の飛行

c. カテゴリーⅢ飛行

特定飛行のうち立入管理措置を講じないで行うもの＝（イコール）第三者上空における特定飛行

問題17

特定飛行のうち、飛行経路下において第三者の立入りを管理する措置を講じた上で飛行させるカテゴリーⅡ B 飛行に分類される飛行空域または飛行方法として、正しいものを一つ選びなさい。

1）空港周辺の上空の飛行

2）地表面または水面から高度150 m 以上の飛行

3）人口集中地区内の飛行

答え　3）

解説

立入禁止措置を講じた上で人口集中地区内の上空の飛行を行う場合は、カテゴリーⅡ A ではなく、カテゴリーⅡ B 飛行に分類される。

選択肢1）の空港周辺の上空の飛行及び選択肢2）の地表面または水面から高度150 m 以上の飛行は、よりリスクの高いカテゴリーⅡ A 飛行に分類される。

問題18

無人航空機の飛行形態を、そのリスクに応じてカテゴリー1からカテゴリーⅢに分類されているが、リスクの高い順に並べた組合せの選択肢として、正しいものを一つ選びなさい。

1）カテゴリーⅠ飛行 ＞ カテゴリーⅡ B 飛行 ＞ カテゴリーⅢ飛行

2）カテゴリーⅢ飛行 ＞ カテゴリーⅡ B 飛行 ＞ カテゴリーⅡ A 飛行

3）カテゴリーⅢ飛行 ＞ カテゴリーⅡ A 飛行 ＞ カテゴリーⅡ B 飛行

答え　3）

解説

まず、カテゴリーの分類を復習すると

カテゴリーⅠ飛行　特定飛行に該当しない飛行。航空法上の手続きは不要。

カテゴリーⅡ飛行　特定飛行のうち、無人航空機の飛行経路下において第三者の立入管理措置を講じたうえで行うもの。さらに、カテゴリーⅡ飛行のうち、特に空港周辺、高度150 m以上、催し場所上空、危険物輸送及び物件投下並びに最大離陸重量25 kg以上の無人航空機の飛行は、リスクの高いものとして、「カテゴリーⅡA飛行」とし、その他のカテゴリーⅡ飛行を「カテゴリーⅡB飛行」と分類する。

カテゴリーⅢ飛行　特定飛行のうち、立入管理措置を講じないで第三者上空における特定飛行を「カテゴリーⅢ飛行」といい、最もリスクの高い飛行となる。

したがって、リスクの高い順に並べると次のとおりとなる。

カテゴリーⅢ飛行 ＞ カテゴリーⅡA飛行 ＞ カテゴリーⅡB飛行 ＞ カテゴリーⅠ飛行

問題19

第三者の立入禁止措置を講じた上で、国勢調査の結果を受け設定されている人口集中地区の上空を、昼間（日中）に目視内にて、5 kgの小型無人航空機と使用した最大高度が地表から35 m程度の測量調査を行うことになった。この場合のカテゴリーとして、正しいものを一つ選びなさい。

1）カテゴリーⅡA飛行
2）カテゴリーⅡB飛行
3）カテゴリーⅢ飛行

答え　2）

解説

まず、第三者の立入禁止措置を講じることから、カテゴリーⅢ飛行ではない。

飛行方法が、昼間（日中）の目視内ということだが、人口集中地区上空ということで、他人の物件との離隔距離が30 m 未満になる可能性が高く、また、飛行空域が人口集中地区上空ということで特定飛行に該当する。

よって、カテゴリーはカテゴリーⅡ B 飛行に分類される。

問題20

第三者の立入禁止措置を講じた上で、国勢調査の結果を受け設定されている人口集中地区の上空とならない空域を、日中に目視内にて、農薬の散布飛行を行うことになった。この場合のカテゴリーとして、正しいものを一つ選びなさい。

1）カテゴリーⅡ A 飛行

2）カテゴリーⅡ B 飛行

3）カテゴリーⅢ飛行

答え　1）

解説

まず、第三者の立入禁止措置を講じることから、カテゴリーⅢ飛行ではない。

飛行方法が、日中の目視内ということだが、農薬散布ということで危険物の輸送と物件の投下の二つが特定飛行に該当する。よって、カテゴリーはカテゴリーⅡ A 飛行に分類される。

問題21

第三者の立入禁止措置を講じた上で、人里離れた田畑で（国勢調査の結果を受け設定されている人口集中地区外）、電柱以外にそばに物件がない、開けた場所において昼間（日中）に、離陸場所から最大離隔距離30 m のジオフェンス機能を有効にした飛行訓練を行うことになった。無人航空機の重量は1.5 kg である。この場合のカテゴリーとして、正しいものを一つ選びなさい。

1）カテゴリーⅠ飛行
2）カテゴリーⅡ A 飛行
3）カテゴリーⅡ B 飛行

答え　3）

解説

まず、第三者の立入禁止措置を講じることから、カテゴリーⅢ飛行ではない。

飛行方法が日中で、飛行高度と離着陸場所から離隔距離が最大で30 m の目視内ということだが、電柱がすぐそばにあるということから第三者の物件から30 m 未満の飛行が特定飛行に該当する。ここまでで、カテゴリーⅡに分類されると判断できる。

次に、空港周辺、高度150 m 以上、催し場所上空、危険物輸送及び物件投下並びに最大離陸重量25 kg 以上の無人航空機の飛行のいずれにも該当しないことから、リスクの高いカテゴリーⅡ Aではなく、カテゴリーⅡ Bであると判断される。

POINT

◆無人航空機の飛行に関する規則概要

機体認証及び無人航空機操縦者技能証明

　特定飛行を行う場合、リスクが生じることから、次の三つの観点で対応処置が考えられている。

①使用する機体

②操縦する者の技能

③運航管理の方法の適格性

　この三つを担保することで、飛行の安全を確保する。ここで①と②に対応するのが、機体認証と無人航空機操縦者技能証明である。

・カテゴリーⅢ飛行に対応した第一種機体認証（有効期間：１年）及び一等無人航空機操縦士（有効期間：３年）

・カテゴリーⅡ飛行に対応した第二種機体認証（有効期間：３年）及び二等無人航空機操縦士（有効期間：３年）

問題22

　特定飛行を行う場合の飛行の安全を担保するために、機体認証と無人航空機操縦者技能証明の二つの施策が制度化された。機体認証と無人航空機操縦者技能証明の有効期間の組合せとして、誤っているものを一つ選びなさい。

1）カテゴリーⅢ飛行に対応した第一種機体認証と一等無人航空機操縦者の資格の有効期間は、それぞれ１年と３年である

2）カテゴリーⅢ飛行に対応した第一種機体認証と一等無人航空機操縦者の資格の有効期間は、いずれも３年である

3）カテゴリーⅡ飛行に対応した第二種機体認証と二等無人航空機操縦者の資格の有効期間は、いずれも３年である

答え　2）

解説

カテゴリーⅢ飛行に対応する機体認証（第一種機体認証）と操縦者の資格（一等無人航空機操縦士資格）の有効期間は、それぞれ１年と３年である。

カテゴリーⅡ飛行に対応する機体認証（第二種機体認証）と操縦者の資格（二等無人航空機操縦士資格）の有効期間は、いずれも3年である。

問題23

特定飛行の安全を確保するために、飛行形態のリスク分類に対応した運航管理の方法の適格性が確認される。この説明として、誤っているものを一つ選びなさい。

1）カテゴリーⅢ飛行に関しては、最もリスクの高い飛行となることから、一等無人航空機操縦士の技能証明を受けた者が第一種機体認証を受けた無人航空機を飛行させる場合であっても、予め運航管理の方法について国土交通大臣の審査を受け、飛行の許可・承認を受けることにより可能となる

2）カテゴリーⅡ A 飛行に関しては、技能証明を受けた者が機体認証を受けた無人航空機を飛行させる場合であっても、予め運航管理の方法について国土交通大臣の審査を受け、飛行の許可・承認を受けることにより可能となる

3）カテゴリーⅠ飛行及びカテゴリーⅡ B 飛行はともに、機体認証及び技能証明の両方又はいずれかを有していない場合であっても、予め使用する機体、操縦する者の技能及び運航管理の方法について国土交通大臣の審査を受け、飛行の許可・承認を受けることによっても可能となる

答え　3）

解説

選択肢1）及び2）の内容は、まさにそのとおりであり、問題はない。

選択肢3）について、カテゴリーⅠ飛行については、航空法上は特段の手続きは不要で、飛行可能であることから、記載内容は誤っている。

問題24

特定飛行の安全を確保するために、飛行形態のリスク分類に対応した運航管理の方法の適格性が確認される。この説明として、正しいものを一つ選びなさい。

1）二等無人航空機操縦士の技能証明を受けた者が、第二種機体認証を受けた無人航空機を使ってカテゴリーⅡA飛行を行う場合、特段の手続き等がなく飛行が可能であるが、飛行マニュアルを遵守する必要がある

2）二等無人航空機操縦士の技能証明を受けた者が、第二種機体認証を受けた無人航空機を使ってカテゴリーⅡB飛行を行う場合、特段の手続き等がなく飛行が可能であるが、飛行マニュアルを遵守する必要がある

3）一等無人航空機操縦士の技能証明を受けた者が、第一種機体認証を受けた無人航空機を使ってカテゴリーⅢ飛行を行う場合、特段の手続き等がなく飛行が可能であるが、飛行マニュアルを遵守する必要がある

答え　2）

解説

選択肢1）について、二等無人航空機操縦士の技能証明を受けた者が、第二種機体認証を受けた無人航空機を使ってカテゴリーⅡA飛行を行う場合は、ⅡB飛行に比べてリスクが高い飛行であることから、予め運航管理の方法について国土交通大臣の審査を受け、飛行の許可・承認を受けることにより可能となる。手続きは必要である。

選択肢3）について、一等無人航空機操縦士の技能証明を受けた者が第一種機体認証を受けた無人航空機を使うとしても、カテゴリーⅢ飛行を行う場合は非常にリスクが高い飛行であることから、予め運航管理の方法について国土交通大臣の審査を受け、飛行の許可・承認を受けることにより可能となる。手続きは必要である。

POINT

◆航空機の運航ルール等

無人航空機の操縦者が航空機の運航ルールを理解する必要性

航空機の航行の安全は、人命に直接かかわるものであることから最優先される。また、航空機側から小型の無人航空機の存在を視認することは不可能に近いため、無人航空機に回避義務がある。

この上で、無人航空機の操縦者には、次の三つの事項が義務付けられる。

(a)「ドローン情報基盤システム（DIPS2.0）」の飛行計画通報機能を通じて飛行情報を共有（通報・照会）する。

(b) 離陸前に航空機を確認した場合は、無人航空機を離陸させない等、航空機と無人航空機の接近を事前に回避する。

(c) 無人航空機の飛行中に航行中の航空機を確認した場合は、無人航空機を地上に降下させる等、航空機と無人航空機の接近を回避する。

問題25

無人航空機の操縦者は、航空機の安全な航行を担保するために、気をつけるべき重要事項があるが、この説明として、誤っているものを一つ選びなさい。

1）航空機の航行の安全は、人の生命や身体に直接かかわるものとして最大限優先すべき事項である

2）航空機の速度や無人航空機の大きさから、無人航空機側から航空機の機体を視認したとしても、回避することが困難である

3）無人航空機は航空機と比較して機動性が高いことから、航空機と無人航空機間の飛行進路が交差し、又は接近する場合には、無人航空機側が回避することが妥当である

答え　2）

解説

有人機の航空機とわれわれが操縦する無人航空機とでは、どちらの航行の安全が優先されるかは自明である。加えて、航空機の速度と無人航空機の大きさから、

航空機側から無人航空機を視認することは難しく、たとえ視認できたとしても、回避するには時間と距離が十分ではないであろうことは容易に推測できる。

逆にいうと、無人航空機側から航空機を視認する方がはるかに容易であり、機動性も考えると、無人航空機が回避することの方が極めて現実的である。

最後に、われわれ無人航空機を操縦する側が航空機を回避する義務があり、航空機は無人航空機に対して進路権を有する。

問題26

無人航空機の操縦者には、航空機の安全を担保するために、三つの事項が義務付けられているが、その説明として、誤っているものを一つ選びなさい。

1）「ドローン情報基盤システム（DIPS2.0）」の飛行計画通報機能を通じて飛行情報を共有（通報・照会）する

2）離陸前に航空機を確認した場合は、無人航空機を離陸させない等、航空機と無人航空機の接近を事前に回避する

3）航行中の航空機を確認した場合は、無人航空機をホバリングさせ、航空機に対して無人航空機の視認性を高める努力をする必要がある

答え　3）

解説

航空機と無人航空機の接近を回避するために、操縦者は無人航空機の高度を速やかに下げる等、航空機に対する回避義務を要する。ホバリングを継続して、航空機側に無人航空機を認識させる行為は、リスクが高く、妥当な操縦とはいい難い。無人航空機の高度を速やかに下げる、あるいは着陸させるといった操縦が、考えられる妥当な方法である。

問題27

航空機と同じ空を飛行させる無人航空機の操縦者も、航空機の運航ルールを十分に理解することが極めて重要である。この航空機の運航ルールの説明として、誤っているものを一つ選びなさい。

1）高高度を高速で移動する旅客機は、通常、計器飛行方式（IFR：Instrumental Flight Rules）と呼ばれる飛行方式で飛行する。計器飛行方式とは、航空交通管制機関が与える指示等に常時従って行う飛行の方式のことである

2）小型機や回転翼航空機は、有視界飛行方式（VFR：Visual Flight Rules）で飛行することが多い。有視界飛行方式とは、航空機の操縦者の判断に基づき飛行する方式である

3）小型機や回転翼航空機は、空港及びその周辺においても、自らの判断のもと、有視界飛行方式で飛行する。しかし、悪天候等で有視界飛行方式ができない状態となった場合には計器飛行方式で飛行する

答え　3）

解説

選択肢3）について、空港及びその周辺を小型機や回転翼航空機が飛行する場合は、有視界飛行方式で飛行するが、「自らの判断のもと」という点が誤っている。正解は、「航空交通管制機関が与える指示等に従う」である。

問題28

航空機と同じ空を飛行させる無人航空機の操縦者も、航空機の運航ルールを十分に理解することが極めて重要である。この航空機の運航ルールの説明として、誤っているものを一つ選びなさい。

1）捜索又は救助を任務としている警察・消防等の公的機関の航空機や緊急医療用ヘリコプター及び送電線巡視・薬剤散布等で低空での飛行の許可を受けた航空機は、離着陸にかかわらず150ｍ以下で飛行している場合がある

2）航空機の操縦者は、有視界飛行方式（VFR）で航行中の場合に限り、他の航空機その他の物件と衝突しないように見張りをすることが義務付けられている

3）航空機の機長は、出発前に運航に必要な準備が整っていることを確認するが、この一環として、国土交通大臣から提供される航空情報を確認することが義務付けられている

答え　2）

解説

航空機の操縦者は、航空機の航行中、飛行方式にかかわらず、視界の悪い気象状態にある場合を除いて、他の航空機その他の物件と衝突しないように見張りをすることが義務付けられている。しかしそれでも、航空機側から無人航空機の機体を視認し、回避することは、航空機の飛行速度や無人航空機の大きさを考慮すると困難である。

問題29

航空機の運航ルールの説明として、誤っているものを一つ選びなさい。

1）150 m 以下での航空機の飛行は、離着陸に引き続く場合が多いが、捜索又は救助を任務とした航空機が150 m 以下を飛行している場合がある

2）航空機の航行中は、視界の悪い気象状態にある場合を除いて、他の航空機その他の物件と衝突しないように見張りをすることが義務付けられている

3）航空機が飛行する方式には、「計器飛行方式（IFR）」と「有視界飛行方式（VFR）」との二つがある。このうち、有視界飛行方式（VFR）は、航空交通管制機関が与える指示等に常時従って行う飛行の方式である

答え　3）

解説

航空交通管制機関が与える指示等に常時従って行う飛行の方式は、**計器飛行方式**（**IFR**：Instrumental Flight Rules）とされ、高速で高高度を移動する旅客機は通常は計器飛行方式（IFR）で飛行する。その他の航空機も有視界飛行方式（VFR）ができない気象状態となった場合には計器飛行方式（IFR）で飛行する。

POINT

◆航空機の運航ルール等

航空機の空域の概要

無人航空機は、高度150 m 以上又は空港周辺の空域の飛行は原則禁止されている。ただし、必要に応じて無人航空機を飛行させたい空域を管轄する航空交通管制機関と事前に調整し、飛行の許可を受けた場合は、飛行が可能となる。このとき、無人航空機の操縦者は、以下に続く航空機の空域の特徴や注意点を十分に理解の上で慎重に無人航空機を飛行させる必要がある。

a. 航空機の管制区域

国は、**管制区域**と呼ばれる航空交通の安全及び秩序を確保することを目的とした「航空交通管制業務を実施する区域」を設定している。

管制区域の中には、さらに航空交通管制区と航空交通管制圏と呼ばれる区分がある。補足として、ほかにも航空交通情報圏、進入管制区、特別管制空域の３種があり、全部で５種類ある。

「航空交通管制区」とは、地表又は水面から200 m 以上の高さの空域のうち国が指定した空域である。計器飛行方式により飛行する航空機は、航空交通管制機関と常時連絡を取り、彼らの指示に従って飛行しなければならない。

「航空交通管制圏」とは、航空機の離着陸が頻繁に実施される空港等及びその周辺の空域である。すべての航空機が航空交通管制機関と連絡を取り、離着陸の順序等の指示に従って飛行しなければならない。

問題30

国は、「航空交通管制業務を実施する区域」、通称「管制区域」を設定している。この管制区域の説明として、誤っているものを一つ選びなさい。

1）航空交通の安全及び秩序を確保することを目的としている

2）具体的には、航空機が安全に離着陸するために、空港周辺の制限された空

間のことである

3）管制区域は、さらに航空交通管制区、航空交通管制圏、航空交通情報圏、進入管制区、特別管制空域、の全部で5種類の区分がある

答え　2）

解説

選択肢2）の説明は、管制区域ではなく、制限表面の説明である。管制区域とは、選択肢1）にもあるとおり、離着陸に限らず、航空機の安全な航行全般を確保するために設定される空間のことである。

選択肢3）の管制区域の詳細な区分の説明は、次のとおりである。

①航空交通管制区　航空交通の安全のために告示で指定される地表又は水面から200 m以上の高さの空域

②航空交通管制圏　航空機の離陸及び着陸が頻繁に実施される飛行場及びその周辺の空域

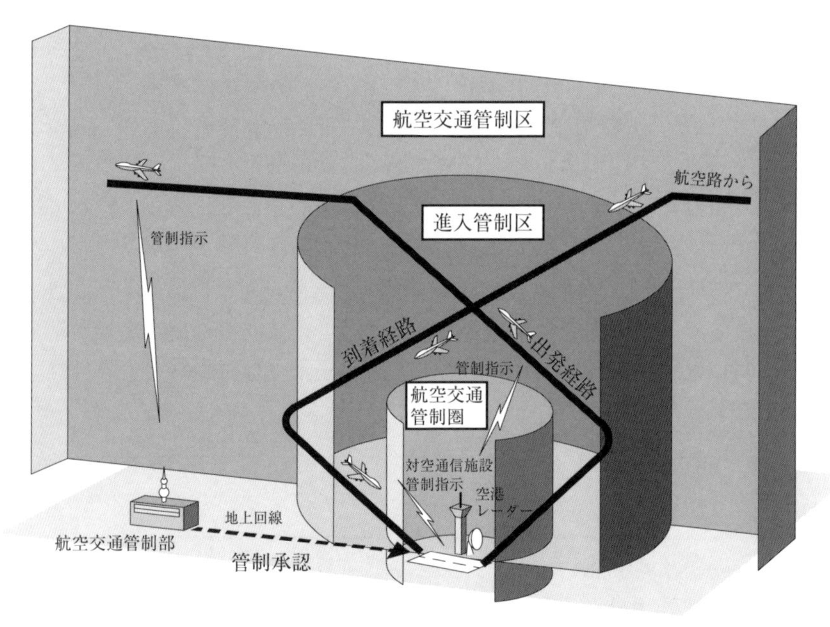

図1.2　航空交通管制区等概念図

（出典：国土交通省　管制・空域・航空交通管理等
https://www.mlit.go.jp/koku/content/001358781.pdf）

③航空交通情報圏　上記の飛行場以外の国土交通大臣が指定する飛行場及びその周辺の空域
④進入管制区　管制区のうち、管制圏内の飛行場からの離陸に続く上昇飛行、着陸のための降下飛行が行われる空域
⑤特別管制空域　航空交通が輻輳する空域

問題31

管制区域の中には、さらに航空交通管制区と航空交通管制圏と呼ばれる区分がある。航空交通管制区と航空交通管制圏の説明として、誤っているものを一つ選びなさい。

1）「航空交通管制区」とは、地表又は水面から150 m 以上の高さの空域のうち国が指定した空域
2）「航空交通管制区」内を計器飛行方式により飛行する航空機は、航空交通管制機関と常時連絡を取り、航空交通管制機関の指示に従って飛行しなければならない
3）「航空交通管制圏」とは、航空機の離着陸が頻繁に実施される空港等及びその周辺の空域

答え　1）

解説

「航空交通管制区」とは、地表又は水面から200 m 以上の高さの空域のうち国が指定した空域をいう。150 m ではない。

POINT

b. 空港の制限表面の概要

航空機が安全に離着陸するために、空港周辺の空間に設けられた制限表面があるが、すべての空港に共通して設定されているものと、特定の空港に追加で設定されているものがある（概要は図1.3を参照のこと）。

（ア）すべての空港に設定される制限表面

進入表面：進入の最終段階及び離陸時における航空機の安全を確保するために必要な表面

水平表面：空港周辺での旋回飛行等低空飛行の安全を確保するために必要な表面

転移表面：進入をやり直す場合等の側面方向への飛行の安全を確保するために必要な表面

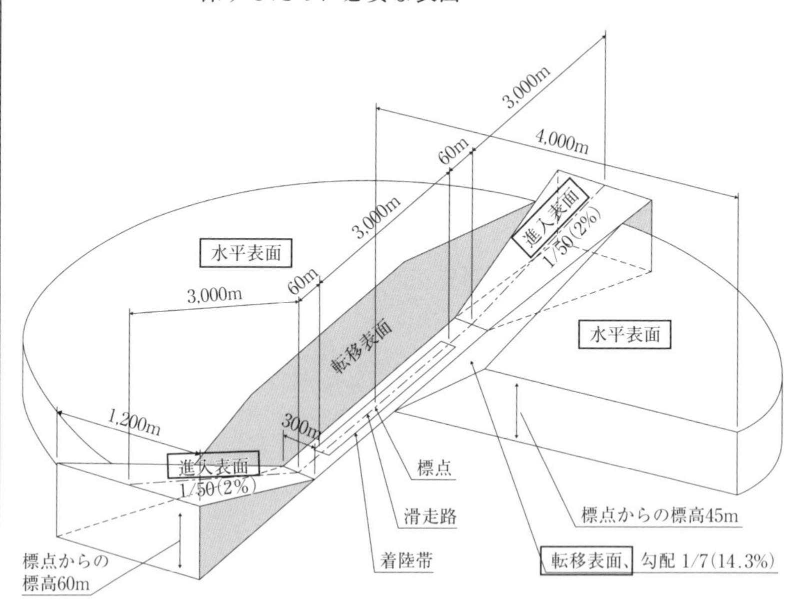

図1.3　すべての空港における進入表面等の例
（出典：国土交通省　進入表面等について https://www.mlit.go.jp/common/001109751.pdf）

問題32

航空機が安全に離着陸するために空港周辺の空間に設けられた制限表面に関する説明として、正しいものを一つ選びなさい。

1）制限表面が設定されている空港は、航空機の離発着が頻繁に行われる東京（羽田）、成田、中部、関西国際空港といった一部の空港である
2）制限表面は、離着陸時の進入及びを想定した空港周辺の空間に設けられた表面である
3）制限表面は、進入表面、転移表面、水平表面の三つからなる

答え　3）

解説

制限表面はすべての空港に設定されていることから、選択肢1）は誤っている。また、制限表面は、離着陸時の進入だけでなく、進入をやり直す場合等の側面方向及び旋回飛行等低空飛行の安全を確保するために必要な表面も設定してある。

問題33

すべての空港に設定される制限表面に関する説明として、誤っているものを一つ選びなさい。

1）進入の最終段階及び離陸時における航空機の安全を確保するために必要な表面を、進入表面という
2）空港周辺での旋回飛行等低空飛行の安全を確保するために必要な表面を、水平表面という
3）離陸時における航空機の側面方向への飛行の安全を確保するために必要な表面を、転移表面という

答え　3）

解説

転移表面は、進入をやり直す場合等の側面方向への飛行の安全を確保するために必要な表面のことである。

POINT

（イ）東京（羽田）・成田・中部・関西国際空港及び政令空港（釧路・函館・仙台・大阪国際・松山・福岡・長崎・熊本・大分・宮崎・鹿児島・那覇の各空港）において指定される制限表面

上記（ア）に加えて、次の制限表面も設定される（図1.4参照）。

円錐表面：大型化及び高速化により旋回半径が増大した航空機の空港周辺での旋回飛行等の安全を確保するために必要な表面

延長進入表面：精密進入方式による航空機の最終直線進入の安全を確保するために必要な表面

外側水平表面：航空機が最終直線進入を行うまでの経路の安全を確保するために必要な表面

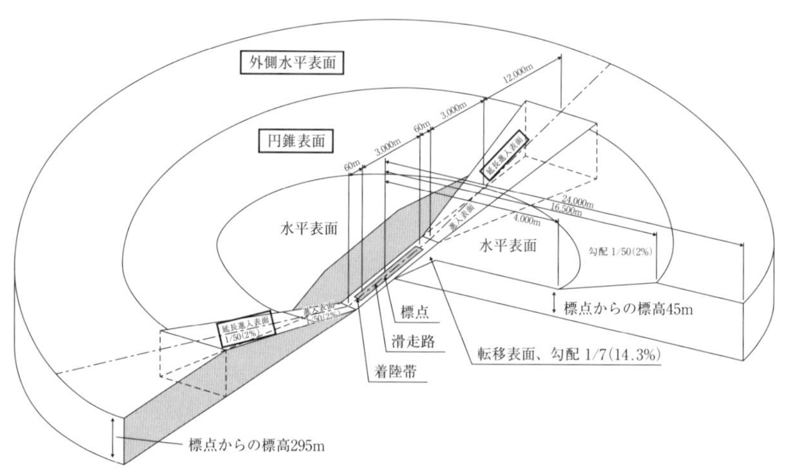

図1.4　東京・成田・中部・関西国際空港及び政令空港における進入表面等の例
（出典：国土交通省　進入表面等について https://www.mlit.go.jp/common/001109751.pdf）

問題34

東京（羽田）・成田・中部・関西国際空港及び政令空港に設定される制限表面に関する説明として、正しいものを一つ選びなさい。

1）大型化及び高速化により旋回半径が増大した航空機の空港周辺での旋回飛行等の安全を確保するために必要な表面を、円錐表面という

2）精密進入方式による航空機の最終直線進入の安全を確保するために必要な表面を、外側水平表面という

3）航空機が最終直線進入を行うまでの経路の安全を確保するために必要な表面を、延長進入表面という

答え　1）

解説

選択肢2）の説明は延長進入表面のことを、選択肢3）の説明は外側水平表面のことをいっている。

Memo

POINT

◆航空機の運航ルール等

模型航空機に対する規制

無人航空機に該当しない重量100 g 未満の模型航空機は、航空法の規制対象外であるとの認識は誤りである。飛行の内容によっては航空法により規制される。

模型航空機の以下の行為は、航空法により規制される（図1.5参照）。

①航空交通管制圏、航空交通情報圏、航空交通管制区内の特別管制空域等における模型航空機の飛行は禁止される。

また、災害等の発生時に国土交通省が設定する緊急用務空域における模型航空機の飛行も禁止される。

②①の空域以外のうち、空港等の周辺、航空路内の空域（高度150 m 以上）、高度250 m 以上の空域において、模型航空機を飛行させる場合には、国土交通省への事前の届出が必要である。

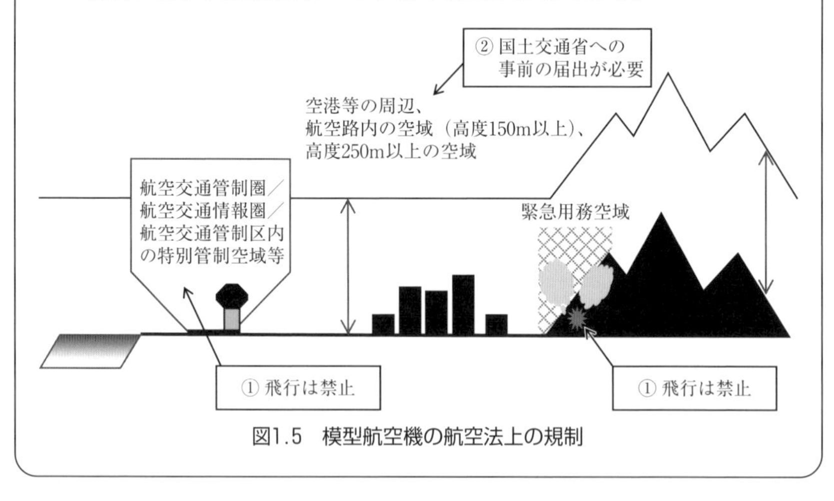

図1.5　模型航空機の航空法上の規制

問題35

航空法における模型航空機の規制に関する説明として、その内容が誤っているものはどれか？

1）模型航空機は航空法により一切の規制を受けない

2）災害等の発生時に国土交通省が設定する緊急用務空域において、模型航空機の飛行は禁止される

3）空港等の周辺、航空路内の高度150 m 以上の空域において、模型航空機を飛行させる場合には、事前に国土交通省への届出が必要となる

答え　1）

解説

模型航空機も、飛行させる空域によっては航空法の規制を受ける。

Memo

1.2　航空法に関する各論

POINT

◆無人航空機の登録

無人航空機の登録制度が創設されたその目的は、次の三つである。

①　事故発生時等における所有者把握

②　事故の原因究明等、安全確保上必要な措置の実施

③　安全上問題のある機体の登録を拒否し安全を確保すること

対象となる無人航空機は、原則としてすべての無人航空機となり、登録の有効期限は3年である。登録記号を機体外部に表示しなければならず、一部の例外を除いてリモートID機能を備える必要がある。

問題36

無人航空機の登録制度が創設された目的の説明として、誤っているものを一つ選びなさい。

1）事故発生時等に所有者を把握するため

2）事故の原因究明等、安全確保上必要な措置を実施するため

3）安全上問題のある機体の登録を一旦認め、安全確保上必要な措置を講ずるように指導するため

答え　3）

解説

安全上問題のある無人航空機は、登録を拒否される。安全確保が担保された後に登録がなされる。

問題37

無人航空機の登録制度において、その有効期限として、正しいものを一つ選びなさい。

1）1年

2）2年
3）3年

答え　3）

解説

登録の有効期間は**3年**である。

問題38

無人航空機の登録制度について、その説明として、誤っているものを一つ選びなさい。

1）模型航空機を含む、すべての無人航空機が原則として登録の対象である
2）登録記号を機体外部に表示しなければならない
3）一部の例外を除きリモートID機能を備えなければならない

答え　1）

解説

登録の対象は、**機体重量が100g未満の模型航空機を除く、すべての無人航空機**である。

問題39

登録を受けることができない無人航空機の説明として、誤っているものを一つ選びなさい。

1）製造者が機体の安全性に懸念があるとして回収（リコール）しているような無人航空機
2）事故が多発していることが疑われる無人航空機
3）表面に不要な突起物がある等、地上の人等に衝突した際に安全を著しく損なうおそれのある無人航空機

答え　2）

解説

事故が多発していることが疑われる無人航空機ではなく、事故の多発が明らかな無人航空機は登録を受けることができない。

問題40

無人航空機の登録の申請等、手続きに関する説明として、正しいものを一つ選びなさい。

1）申請はオンラインのみで受け付けられる

2）登録に係る手数料は無料である

3）所有者又は使用者の氏名や住所等に変更があった場合には、登録事項の変更の届出をしなければならない

答え　3）

解説

申請手続きは、オンラインのほかに書類提出によっても可能である。また、手続きに係る手数料は無料ではなく有料である。

問題41

無人航空機には登録記号を表示する必要がある。この表示の方法に関する説明として、誤っているものを一つ選びなさい。

1）登録記号は、無人航空機の容易に取り外しができない外部から確認しやすい箇所に耐久性のある方法で鮮明に表示する必要がある

2）登録記号の文字は、最大離陸重量が25 kg 未満の場合に、10 mm 以上の高さが必要である

3）登録記号の文字は、最大離陸重量が25 kg 以上の場合に、25 mm 以上の高さが必要である

答え　2）

解説

最大離陸重量25 kg 未満の機体の文字の高さは、3 mm である。

最大離陸重量25 kg 以上の場合は同じ数字である25 mm と覚え、最大離陸重量25 kg 未満の場合は1 /10の2.5 mm を四捨五入して整数にした3 mm と考えると覚えやすい。

問題42

無人航空機には原則としてリモート ID 機能を備えなければならないが、リモート ID 機能の搭載が免除される場合の説明として、誤っているものを一つ選びなさい。

1）無人航空機の登録制度の施行前（2022年６月30日）までの事前登録期間中に登録手続きを行った無人航空機

2）十分な強度を有する長さが30 m 以内の紐（ひも）により係留して行う飛行

3）警察庁、都道府県警察又は海上保安庁が警備その他の特に秘匿を必要とする業務のために行う飛行

答え　1）

解説

無人航空機の登録制度の施行前の事前登録期間最終日は、2022年６月19日であった。６月30日ではない。

問題43

無人航空機に備わるリモート ID 機能の概要と発信情報の説明として、誤っているものを一つ選びなさい。

1）リモート ID 機能は、識別情報を電波で遠隔発信するためのものであり、内蔵型と外付型の２種類がある

2）リモート ID 機能により発信される情報には、静的情報として無人航空機の所有者及び使用者の情報、動的情報として位置、速度、高度、時刻等の情報が含まれる。

3）リモート ID 機能により１秒に１回以上発信される

答え　2）

解説

リモートID機能により発信される情報には、所有者や使用者の情報は含まれない。選択肢2）の静的情報の内容に誤りがあり、無人航空機の製造番号及び登録記号が発信される。動的情報の内容（位置、速度、高度、時刻等の情報）に誤りはない。

問題44

民間企業が2023年6月1日に小売店から購入した無人航空機（機体重量5kg）の登録申請等に関する説明として、誤っているものを一つ選びなさい。

1）オンラインにより登録申請を行い、有料だったことから手数料の納付等を含めすべての手続きが無事に完了した

2）ほどなくして登録記号が発行されたことから、まずは機体に内蔵されたリモートID機能に登録記号等の必要な情報の設定を終えた

3）リモートID機能が正常に動作していることが確認できたことから、機体への登録記号の表示の必要がなくなった。無人航空機の登録手続きに関する作業はすべて完了した

答え　3）

解説

すべての無人航空機は原則として、登録記号を機体外部に表示しなければならず、一部の例外を除いてリモートID機能を備える必要がある。

今回のケースでは、民間企業が保有する無人航空機であることから登録が免除されるケースではないため、無人航空機の登録手続き（有料）は必須である。

無事に登録が完了した後に、登録記号が送られてくるが、2022年6月19日以降の登録であるためにリモートIDによる識別情報の発信とあわせて、機体外部に3mm以上の文字の大きさで記載した登録記号を表示する必要がある。繰返しになるが今回のケースでは、機体外部に登録記号の表示とリモートID機能による識別情報の発信の両方が必要である。

POINT

◆規制対象となる飛行の空域及び方法（特定飛行）の補足事項等

規制の対象となる飛行の空域（四つ）は次のとおりに整理される。

①　空港周辺
②　緊急用務空域
③　高度150 m 以上の空域
④　人口集中地区（DID）

規制対象となる原則とされる飛行の方法（六つ）は次のとおりに整理される。

①　昼間（日中）に飛行させる
②　目視により常時監視して飛行させる
③　人又は物件との距離を30 m 以上の距離を保って飛行させる
④　催し場所上空の飛行が原則禁止されている
⑤　危険物を輸送することが原則禁止されている
⑥　物件の投下が原則禁止されている

規制対象となる飛行の空域及び方法の例外（三つ）は次のとおりに整理される。

①　捜索、救助等のための特例
②　高度150 m 以上の空域の例外
③　十分な強度を有する紐等で係留した場合の例外

その他の重要な補足事項は次のとおりである。

①　**第三者の定義**

「第三者」とは、無人航空機の飛行に直接又は間接的に関与していない者をいう

②　**立入禁止措置**

立入管理措置の内容は、第三者の立入りを制限する区画（立入管理区画）を設定し、当該区画の範囲を明示するために必要な標識の設置等を行う

問題45

無人航空機の飛行が原則として禁止されている「空港等の周辺の空域」に関する説明として、誤っているものを一つ選びなさい。

1）空港やヘリポート等の周辺に設定されている進入表面、転移表面若しくは水平表面又は延長進入表面、円錐表面若しくは外側水平表面の上空の空域、（進入表面等がない）飛行場周辺の空域を、「空港等の周辺の空域」という

2）「空港等の周辺の空域」は、航空機の離陸及び着陸の安全を確保するために必要なものとして国土交通省が告示で定める

3）航空機の離着陸が頻繁に実施される新千歳空港・成田国際空港・東京国際空港・中部国際空港・関西国際空港・大阪国際空港・福岡空港・那覇空港では、進入表面等の上空の空域に加えて、進入表面若しくは転移表面の下の空域又は空港の敷地の上空の空域についても飛行禁止空域となっている

答え　2）

解説

「空港等の周辺の空域」を定めるのは、国土交通省ではなく、国土交通大臣である。進入表面等の具体的な箇所と名称、そして設定のある空港に関する説明は、教則における「3.1.1 航空法に関する一般知識」の（3）航空機の運航ルール等を振り返るとよいだろう。

問題46

無人航空機の飛行が原則、禁止されている「緊急用務空域」に関する説明として、誤っているものを一つ選びなさい。

1）国土交通省、防衛省、警察庁、都道府県警察又は地方公共団体の消防機関その他の関係機関の使用する航空機のうち捜索、救助その他の緊急用務を行う航空機の飛行の安全を確保するため、国土交通省が緊急用務を行う航空機が飛行する空域（緊急用務空域）を指定する

2）「緊急用務空域」では、原則、無人航空機と重量100ｇ未満の模型航空機の両方の飛行が禁止される

3）災害等の規模に応じ、緊急用務を行う航空機の飛行が想定される場合には、国土交通大臣がその都度「緊急用務空域」を指定し、国土交通省のホームペ

ージ・X（旧 Twitter）にて公示する

答え　3）

解説

「緊急用務空域」を指定するのは、国土交通大臣ではなく、国土交通省である。また、選択肢2）にあるように、無人航空機に加えて、重量100 g 未満の模型航空機も対象となる点に注意が必要である。

ここで改めて「緊急用務空域」を簡単に説明する。「緊急用務空域」とは、国土交通省、防衛省、警察庁、都道府県警察又は地方公共団体の消防機関その他の関係機関の使用する航空機のうち、捜索、救助その他の緊急用務を行う航空機の飛行の安全を確保するため、国土交通省が緊急用務を行う航空機が飛行する空域として指定するものである。この空域では、原則、無人航空機の飛行が禁止される。また、重量100 g 未満の模型航空機も飛行禁止の対象となる。

問題47

「緊急用務空域」と「高度150 m 以上の空域」の飛行に関する説明として、以下のうちで誤っているものはどれか？

1）無人航空機の操縦者は飛行を開始する前に、国土交通省のホームページ又はX（旧 Twitter）にて、当該空域が緊急用務空域に該当するか否かの別を確認することが義務付けられている

2）空港等の周辺の空域、地表若しくは水面から150 m 以上の高さの空域又は人口集中地区の上空の飛行許可があっても、緊急用務空域を飛行させることはできない

3）「高度150 m 以上の飛行禁止空域」とは、無人航空機が離陸する地点の高度と、無人航空機が飛行している高度との差のことを指す

答え　3）

解説

「高度150 m 以上の飛行禁止空域」とは、無人航空機が飛行している直下の地表又は水面からの高度差が150 m 以上の空域を指す。

緊急用務空域の補足をしておくと、国土交通省により緊急用務空域に指定されると、模型航空機を含めた無人航空機が規制の対象となり、個別に150 m 以上の

飛行や人口集中地区等の飛行許可・承認を受けていたとしても、緊急用務空域を飛行させてはならない。

問題48

人口集中地区（DID：Densely Inhabited District）に関する説明として、以下のうちで誤っているものはどれか？

1）「高度150 m 以上の飛行禁止空域」とは、海抜高度である
2）山岳部等の起伏の激しい地形の上空で無人航空機を飛行させる場合には、意図せず150 m 以上の高度差になるおそれがある点に注意が必要である
3）「人口集中地区（DID：Densely Inhabited District）」は、5年毎に実施される国勢調査の結果から一定の基準により設定される地域であり、令和5年現在は令和2年の国勢調査の結果に基づく人口集中地区が適用されている

答え　1）

解説

「高度150 m 以上の飛行禁止空域」とは、海抜高度ではなく、無人航空機が飛行している直下の地表又は水面からの高度差が150 m 以上の空域を指す。

問題49

規制対象となる飛行の方法に関する説明として、誤っているものを一つ選びなさい。

1）昼間（日中。日出から日没までの間）における飛行が原則とされるが、この「昼間（日中）」とは、日本全国どこでも、また一年間を通じていつでも午前6時から午後6時までの間を指す
2）無人航空機及びその周囲の状況を目視により常時監視して飛行させることが原則とされるが、この「目視により常時監視」とは、操縦者が自分の目（眼鏡やコンタクトレンズの着用は問題ない）で見ることを指し、双眼鏡やモニター越し（FPV（First Person View）を含む）による監視や補助者による監視は含まない
3）無人航空機と地上又は水上の人又は物件との間に30 m 以上の距離（無人航空機と人又は物件との間の直線距離）を保って飛行させることが原則とされるが、この「地上又は水上の人又は物件」のうちの人とは、第三者を指し、

無人航空機を飛行させる者及びその関係者は該当しない

答え　1）

解説

「昼間（日中）」とは、国立天文台が発表する日出の時刻から日の入りの時刻までの間を指す。飛行の場所と時期によって変わり、統一的なものではない。

問題50

規制対象となる飛行の方法に関する説明として、誤っているものを一つ選びなさい。

1）多数の者の集合する催しが行われている場所の上空における飛行が原則禁止されているが、この「多数の者の集合する催し」とは、特定の場所や日時に開催される多数の者が集まるものを指す。具体例としては、祭礼、縁日、展示会、運動会、屋外で開催されるコンサート、町内会の盆踊り大会等に加えて、信号待ちや混雑により生じる人混み等、自然発生的なものも含む

2）多数の者の集合する催しが行われている場所の上空における飛行に際しては、風速5m/s以上の場合は飛行を中止することや、機体が第三者及び物件に接触した場合の危害を軽減する構造を用意していることが必要である

3）無人航空機と地上又は水上の人又は物件との間に30m以上の距離（無人航空機と人又は物件との間の直線距離）を保って飛行させることが原則とされるが、この「地上又は水上の人又は物件」のうちの物件とは、第三者の物件を指し、無人航空機を飛行させる者及びその関係者の物件は該当しない

答え　1）

解説

具体例にある祭礼、縁日、展示会、運動会、屋外で開催されるコンサート、町内会の盆踊り大会等は、「多数の者の集合する催し」に該当するが、信号待ちや混雑により生じる人混み等、自然発生的なものは該当しない。

問題51

航空局標準マニュアルに準じた上での催し物上空の飛行に関する説明として、正しいものを一つ選びなさい。

1）地上の平均風速が3m/sと穏やかであったので、2m/sで移動する自動飛行のデモ飛行を行った

2）最高高度20mの飛行デモを計画していることから、無人航空機から立入禁止区画までの水平距離を高度と同じ20mほど取る計画とした

3）万が一のことを考えてプロペラガードを装着し、接触時の被害を軽減できるようにした

答え　3）

解説

航空局標準マニュアルに従う場合、選択肢1）においては、地上の平均風速と無人航空機の移動速度の和が5m/s未満でなければならない。

同様に選択肢2）においては、最高高度が20mまでの場合に無人航空機と立入禁止区画との水平離隔距離は30m以上と定められている。

問題52

規制対象となる飛行の方法に関する説明として、誤っているものを一つ選びなさい。

1）無人航空機により危険物を輸送することが原則禁止されているが、この「危険物」とは、火薬類、高圧ガス、引火性液体、可燃性物質、毒物類、放射性物質等が該当する。また、無人航空機の飛行のために輸送する物件、例えば無人航空機の飛行に使用する電池や燃料、安全装置であるパラシュートを開傘するための火薬類や高圧ガス、カメラに用いられる電池等は「危険物」には該当しない

2）無人航空機から物件を投下させることが原則禁止されているが、この投下が禁止される「物件」には、固体・固形物だけである。水や農薬等の液体や霧状のものは含まれない

3）無人航空機から物件を投下させることが原則禁止されているが、この投下という行為には、無人航空機を使って物件を設置する（置く）行為は含まれない

答え　2）

解説

投下が禁止される「物件」には、固体・固形物はもちろん、水や農薬等の液体や霧状のものも含まれる。

問題53

規制対象となる飛行の方法に関する説明として、正しいものを一つ選びなさい。

1）十分に過疎な山奥の太陽光発電所の点検飛行に際し、発電所の周囲には樹木と配電柱・電線があるのみである。飛行範囲に第三者の物件は特にないと判断できる

2）社内と取引先の関係者に無人航空機による空撮の実演を披露することとなった。見学者はすべて飛行範囲外の見学者エリアに留める予定で、実演内容は詳しく周知・説明できている。また、われわれ主催者の統率が十分に及ぶことから、見学者は間接関与者と考え、「催し」とは判断しない

3）無人航空機を利用した水稲への農薬散布事業を推進することになった。農薬散布は、「物件投下」の規制に抵触すると判断した

答え　2）

解説

選択肢1）の樹木は「第三者の物件」には該当しないが、配電柱及び電線はほとんどの場合、電力会社の所有物であり、「第三者の物件」に該当する。
選択肢3）の農薬散布は、液体または霧（エアゾル）の空中散布を行うことで「物件投下」の規制に抵触する。加えて、農薬という薬品（毒物類）を無人航空機に搭載・運搬することから、「危険物の輸送」の規制にも抵触する。都合、二つの規制に抵触することがわかる。選択肢中の「物件投下」の規制に抵触するという認識には不足がある。

POINT

規制の対象となる飛行の空域と方法に対して、例外（三つ）は次のとおりに整理される。

① **捜索、救助等のための特例**

国や地方公共団体又はこれらから依頼を受けた者が、事故、災害等に際し、捜索、救助等の緊急性のある目的のために無人航空機を飛行させる場合は、特例として飛行の空域及び方法の規制が適用されない。

② **高度150 m 以上の空域の例外**

煙突や鉄塔等の高層の構造物の周辺は、航空機の飛行が想定されないことから、高度150 m 以上の空域であっても、当該構造物から30 m 以内の空域については、無人航空機の飛行禁止空域から除外される。

② **十分な強度を有するひも等で係留した場合の例外**

十分な強度を有するひも（30 m 以下）等で係留し、飛行可能な範囲内への第三者の立入管理等の措置を講じて無人航空機を飛行させる場合は、人口集中地区、夜間飛行、目視外飛行、第三者から30 m 以内の飛行及び物件投下に係る手続き等が不要である。

次の二つのキーワードについて、その定義は以下のとおりにまとめられる。

第三者の定義

「第三者」とは、無人航空機の飛行に直接又は間接的に関与していない者をいう。

立入管理措置

立入管理措置の内容は、第三者の立入りを制限する区画（立入管理区画）を設定し、当該区画の範囲を明示するために必要な標識の設置等がなされている。

問題54

規制対象となる飛行の空域及び方法の例外に関する説明として、誤っているものを一つ選びなさい

1）国や地方公共団体又はこれらから依頼を受けた者が、事故、災害等に際し、

搜索、救助等の緊急性のある目的のために無人航空機を飛行させる場合には、特例として飛行の空域及び方法の規制が適用されない

2）電力会社や鉄道会社より、自然災害に伴う復旧作業に際し、緊急性のある被災地を空撮目的のために無人航空機を飛行させる場合には、国や地方公共団体によらない独自の活動に当たり、特例の対象とはならない

3）50 m 以下のひもで係留し、飛行可能な範囲内への第三者の立入管理等の措置を講じて無人航空機を飛行させる場合は、人口集中地区、夜間飛行、目視外飛行、第三者から30 m 以内の飛行及び物件投下に係る手続き等が不要である

答え　3）

解説

十分な強度を有するひも等で係留した場合の例外とは、まず、どのようなひもでもよいわけではなく、無人航空機を係留できるほど十分な強度を有する必要がある。次に長さであるが、30 m 以下という指定がある。

選択肢3）においては、長さの記載が50 m と誤っている。他には問題はない。

問題55

規制対象となる飛行の空域及び方法の例外に関する説明として、誤っているものを一つ選びなさい

1）煙突や鉄塔等の高層の構造物の周辺は、航空機の飛行が想定されないことから、高度150 m 以上の空域であっても、当該構造物から30 m 以内の空域については、無人航空機の飛行禁止空域から除外されている

2）1）に付随して、当該高層構造物の関係者による飛行を除くと、第三者の物件から30 m 以内の飛行に該当することから、当該飛行の方法に関する手続き等は必要となる

3）自動車、航空機等の移動する物件にひもを固定して又は人がひもを持って移動しながら無人航空機を飛行させる行為は、飛行可能な範囲を制限できることから、係留に該当する

答え　3）

解説

自動車等の移動する物件にひもを固定する又は人がひも等を持って移動しながら無人航空機を飛行させる行為は、係留ではなく、えい航に当たることから、例外には当たらない。

問題56

第三者の定義に関する説明として、誤っているものを一つ選びなさい

1）「第三者」とは、無人航空機の飛行に直接又は間接的に関与していない者をいう

2）直接関与している者とは、操縦者、現に操縦はしていないが操縦する可能性のある者、補助者等、無人航空機の飛行の安全確保に必要な要員をいう

3）間接的に関与している者とは、飛行目的について無人航空機を飛行させる者と共通の認識をもつが、飛行には全く関与せず、また、飛行計画の内容を知らない者をいう

答え　3）

解説

間接的に関与している者とは、飛行目的について無人航空機を飛行させる者と共通の認識をもつだけでなく、次の三つのポイントのいずれにも該当する者をいう。

①無人航空機を飛行させる者が、間接関与者について無人航空機の飛行の目的の全部又は一部に関与していると判断している。

②間接関与者が、無人航空機を飛行させる者から、無人航空機が計画外の挙動を示した場合に従うべき明確な指示と安全上の注意を受けている。なお、間接関与者は当該指示と安全上の注意に従うことが期待され、無人航空機を飛行させる者は、指示と安全上の注意が適切に理解されていることを確認する必要がある。

③間接関与者が、無人航空機の飛行目的の全部又は一部に関与するかどうかを自ら決定することができる。

以上の説明から、選択肢3）は、飛行計画の内容を知らないという点が、上記

②において該当しないと考えられることから、誤った選択肢である。

問題57

立入管理措置に関する説明として、誤っているものを一つ選びなさい

1）まず、立入管理措置の内容は、第三者の立入りを制限する区画（立入管理区画）を設計する

2）次に、当該区画の範囲を明示するために、例えば関係者以外の立入りを制限する旨の看板、コーン等による表示、補助者による監視及び口頭警告等の策を準備する

3）特定飛行において、カテゴリーⅡ飛行とカテゴリーⅢ飛行にかかわらず、必ず飛行経路下の立入管理措置を講ずる必要がある

答え　3）

解説

特定飛行に関して、無人航空機の飛行経路下において立入管理措置を講ずるとカテゴリーⅡ飛行、講じなければカテゴリーⅢ飛行に区分される。

また、飛行に際しての必要となる許可・承認申請手続きが、カテゴリーⅡ飛行とカテゴリーⅢ飛行とでは異なることにあわせて注意が必要である。

POINT

◆無人航空機の操縦者等の義務

無人航空機の操縦者が遵守する必要がある運航ルール（六つ）は次のとおりに整理される。

① アルコール又は薬物の影響下での飛行禁止
② 飛行前の確認
③ 航空機又は他の無人航空機との衝突防止
④ 他人に迷惑を及ぼす方法での飛行禁止
⑤ 使用者の整備及び改造の義務
⑥ 事故等の場合の措置

特定飛行をする場合に遵守する必要がある運航ルール（二つ）は次のとおりに整理される。

① 飛行計画の通報等
② 飛行日誌の携行及び記載

機体認証を受けた無人航空機を飛行させる者が遵守する必要がある運航ルール（二つ）は次のとおりに整理される。

①使用の条件の遵守
②必要な整備の義務

航空法令の規定に違反した場合には、**罰則の対象となる可能性があり**、さらに技能証明を有する者は、罰則に加えて、**技能証明の取消し等の行政処分の対象にもなる可能性がある**。

問題58

アルコール又は薬物の影響下での飛行禁止に関する説明として、誤っているものを一つ選びなさい。

1）アルコール又は薬物の影響により無人航空機の正常な操縦ができないおそれがある間は、無人航空機を操縦しない
2）「アルコール」とはアルコール飲料やアルコールを含む食べ物を指し、「薬物」とは麻薬や覚せい剤等の規制薬物を指す
3）体内に保有するアルコールが微量であっても、無人航空機の正常な飛行に

影響を与えるおそれがあるため、体内に保有するアルコール濃度の程度にかかわらず体内にアルコールを保有する状態では無人航空機を飛行させない

答え　2）

解説

「アルコール」とは、アルコール飲料やアルコールを含む食べ物を指す。

「薬物」とは麻薬や覚せい剤等の規制薬物に限らず、医薬品も含める。

アルコールや薬物を摂取して無人航空機を飛行させてはならないという観点ではなく、アルコールや薬物の**影響下にいる間**は、無人航空機を飛行させてはならないという観点で、禁止事項となっている点に注意する。

問題59

飛行前の確認に関する説明として、誤っているものを一つ選びなさい。

1）各機器の取付け状況（ネジ等の脱落やゆるみ等）、発動機・モーター等の異音の有無、プロペラ、フレーム等の損傷や歪みの有無、通信系統・推進系統・電源系統・自動制御系統等の作動状況等を確認した後に飛行させる

2）天候、風速、視程、気温等、当該無人航空機の飛行に適した天候にあるか否かを確認した後に飛行させる

3）燃料の搭載量又はバッテリーの充電履歴を確認した後に飛行させる

答え　3）

解説

飛行前に確認すべきはバッテリーの残量であり、充電履歴ではない。

問題60

飛行前の確認に関する説明として、誤っているものを一つ選びなさい。

1）航空法その他の法令等の必要な手続き等の状況の確認

2）緊急用務空域・飛行自粛要請空域の該当の有無の確認

3）リモートID機能の作動状況（リモートID機能の搭載の例外となっている場合を除く）または機体に登録記号の表示が正しくできているかの確認

答え　3）

解説

飛行前に確認すべきは、リモート ID 機能の搭載の例外となっていない場合のリモート ID 機能の作動状況の確認と、機体に登録記号の表示が正しくできているかの確認の両方である。どちらかではない。

問題61

航空機又は他の無人航空機との衝突防止に関する説明として、誤っているものを一つ選びなさい。

1）飛行前において、航行中の航空機を確認した場合には、飛行を行わない

2）飛行前において、飛行中の他の無人航空機を確認した場合には、飛行日時、飛行経路、飛行高度等について、他の無人航空機を飛行させる者と調整を行う

3）飛行中において、航行中の航空機を確認した場合には、速やかに飛行速度と飛行高度を上げ、接近又は衝突を回避するための適切な措置を取る

答え　3）

解説

飛行中において、航行中の航空機を確認した場合には、地上に降下させる等、接近又は衝突を回避するための適切な措置を取る。

問題62

「他人に迷惑を及ぼすような方法」・「使用者の整備及び改造の義務」に関する説明として、誤っているものを一つ選びなさい。

1）飛行上の必要がないのに高調音を発し、又は急降下し、他人に向かって無人航空機を急接近させる等、危険な飛行をしてはならない

2）整備及び必要に応じて改造をし、当該無人航空機が安全上の問題から登録を受けることができない無人航空機とならないように維持しなければならない

3）リモート ID を搭載するか、登録記号の機体への表示のどちらかを維持しなければならない

答え　3）

解説

原則、リモートIDの搭載と、登録記号の機体への表示の**両方を維持しなければならない**。

問題63

事故等の場合の措置に関する説明として、正しいものを一つ選びなさい。

1）無人航空機による人の死傷又は物件の損壊、あるいは航空機との衝突又は接触といった無人航空機に関する事故が発生した場合には、直ちに当該無人航空機の飛行を中止するとともに、救護・通報、事故等の状況に応じた警察への通報等、危険を防止するための必要な措置を講じなければならない

2）当該事故が発生した日時及び場所等の必要事項を国土交通省に報告しなければならない

3）飛行中に航空機との衝突又は接触のおそれがあったと認めた事態、重傷に至らない無人航空機による人の負傷、無人航空機の制御が不能となった事態及び飛行中に無人航空機が発火した事態等、重大インシデントが発生した場合にあっても、国土交通省への報告が義務付けられている

答え　1）

解説

事故及び重大インシデントの報告先は、国土交通省ではなく、**国土交通大臣**である。

問題64

飛行計画の通報等に関する説明として、誤っているものを一つ選びなさい。

1）無人航空機を飛行させる者は、特定飛行を行う場合には、飛行計画を予め国が提供している「ドローン情報基盤システム（飛行計画通報機能）」に入力することにより国土交通大臣に通報しなければならない

2）予め飛行計画を通報することが困難な場合には、事後の通報でも可

3）特定飛行に該当しない無人航空機の飛行を行う場合であっても、飛行計画を通報しなければならない

答え　3）

解説

特定飛行に該当しない無人航空機の飛行を行う場合では、**飛行計画を通報する義務はないが、通報することが望ましい**。

問題65

特定飛行をする場合の飛行計画の通報等において、「ドローン情報基盤システム（飛行計画通報機能）」に入力する項目の説明として、誤っているものを一つ選びなさい。

1）無人航空機の登録記号及び種類並びに型式（型式認証を受けたものに限る）
2）無人航空機を飛行させる者の氏名並びに技能証明書番号（技能証明を受けた者に限る）及び飛行の許可・承認の番号（許可・承認を受けた場合に限る）
3）出発地、目的地、目的地に到着するまでの所要時間（確定している範囲で可能な限り）

答え　3）

解説

出発地、目的地、目的地に到着するまでの所要時間について、あいまいな計画ではなく、**確定したもの**を入力する必要がある。

問題66

飛行日誌の携行及び記載に関する説明として、誤っているものを一つ選びなさい。

1）無人航空機を飛行させる者は、特定飛行をする場合には、飛行日誌を携行（携帯）することが望ましい
2）飛行日誌は、紙又は電子データ（システム管理を含む）の形態を問わない
3）特定飛行を行う場合には、必要に応じ速やかに参照や提示できるようにする必要がある

答え　1）

解説

特定飛行をする場合には、**飛行日誌を携行（携帯）することが義務付けられている**。

問題67

飛行日誌に記載すべき事項等に関する説明として、誤っているものを一つ選びなさい。

1）無人航空機に関する情報（製造者、機種名、製造番号、購入日、機体サイズ・重量）

2）飛行の年月日、離着陸場所・時刻、飛行時間、飛行させた者の氏名、不具合及びその対応等の飛行記録

3）日常点検の実施の年月日・場所、実施者の氏名、日常点検の結果等の日常点検記録

答え　1）

解説

無人航空機に関する情報は、**登録記号、種類、型式、製造者・製造番号**等が求められている。

問題68

機体認証を受けた無人航空機を飛行させる者が遵守する必要がある運航ルールに関する説明として、誤っているものを一つ選びなさい。

1）機体認証を受けた無人航空機は、無人航空機飛行規程に定めた無人航空機の安全性を確保するための限界事項（最大離陸重量、飛行可能高度、飛行可能速度）等を「使用の条件」として指定し、使用条件等指定書として交付される

2）機体認証を受けた無人航空機を飛行させる者は、できる限り使用条件等指定書に記載のある当該使用の条件の範囲内で特定飛行しなければならない

3）機体認証を受けた無人航空機の使用者は、無人航空機整備手順書（機体メーカーの取扱説明書等）に従って整備をすることが義務付けられる

答え　2）

解説

使用条件等指定書に記載のある当該使用の条件は、努力目標ではなく、**遵守事項**である。

問題69

航空法令の規定に違反した場合の罰則に関する説明として、誤っているものを一つ選びなさい。

1）事故が発生した場合に飛行を中止し負傷者を救護する等の危険を防止するための措置を講じなかったときの罰則は、２年以下の懲役又は100万円以下の罰金

2）登録を受けていない無人航空機を飛行させたときの罰則は、２年以下の懲役又は50万円以下の罰金

3）アルコール又は薬物の影響下で無人航空機を飛行させたときの罰則は、１年以下の懲役又は30万円以下の罰金

答え　2）

解説

登録を受けていない無人航空機を飛行させたときの罰則は、**１年以下の懲役又は50万円以下の罰金**である。

POINT

◆運航管理体制（安全確保措置・リスク管理等）

カテゴリーⅡＢ飛行については、**技能証明を受けた操縦者が機体認証を有する無人航空機を飛行させる場合**には、**特段の手続きなく飛行可能**である。ただし、この場合には、安全確保措置を記載した飛行マニュアルを作成した上で、遵守しなければならない。また、カテゴリーⅡＡ飛行については、**技能証明を受けた操縦者が機体認証を有する無人航空機を飛行させる場合であっても**、予め「運航管理の方法」について国土交通大臣の審査を受け、**飛行の許可・承認を受ける必要がある**。

カテゴリーⅢ飛行を行う場合には、**一等無人航空機操縦士資格を受けた操縦者が第一種機体認証を有する無人航空機を飛行させる**ことが求められることに加え、予め「運航管理の方法」について国土交通大臣の審査を受け、**飛行の許可・承認を受ける必要がある**。

一等

カテゴリーⅢ飛行を行う場合に、その運航の管理が適切に行われることについては、運航飛行形態に応じたリスクの分析及び評価を行い、その結果に応じて必要な措置を講じることによって行う。

問題70

カテゴリーⅡＢ飛行について、技能証明を受けた操縦者が機体認証を有する無人航空機を飛行させる場合に作成・遵守の必要がある「飛行マニュアル」の内容に記載が必要な事項として、誤っているものを一つ選びなさい。

1）無人航空機の定期的な点検及び整備に関する事項

2）飛行中の確認に関する事項

3）無人航空機の飛行に係る安全管理体制に関する事項

答え　2）

解説

飛行中ではなく、「**飛行前**の確認に関する事項」が正解である。ほかにも、「無人航空機を飛行させる者の技能の維持に関する事項」と「事故等が発生した場合における連絡体制の整備等に関する事項」が加わり、**全五つ**の事項の記載が必要である。

ここで、「飛行前の確認に関する事項」、「無人航空機を飛行させる者の技能の維持に関する事項」、そして「事故等が発生した場合における連絡体制の整備等に関する事項」について、次のとおりに補足する。

「飛行前の確認に関する事項」とは

①ネジ等の脱落やゆるみ等、機体・プロペラ・フレーム等の損傷や歪みの有無といった外部点検、及びモーター等推進系統・電源系統や通信系統の作動点検による無人航空機の状況の確認

②無人航空機を飛行させる空域及びその周囲の状況の確認

③天候、風速、視程等、飛行に必要な気象情報の確認

④バッテリーの残量又は燃料の搭載量の確認

⑤リモートID機能の作動状況の確認

の五つに整理される。

また、「無人航空機を飛行させる者の技能の維持に関する事項」については

①知識及び能力を習得するための訓練方法

②知識及び能力を維持させるための訓練方法

③訓練を含む飛行記録の作成方法

④訓練の実施・管理体制の明確化

の四つの観点に留意する必要がある。

最後に、「事故等が発生した場合における連絡体制の整備等に関する事項」については通報が必要と考えられる飛行現場最寄りの警察署、消防署、空港事務所、病院等の連絡先の調査及び取りまとめが必要となる。

問題71

カテゴリーⅢ飛行を行う場合の運航管理の方法等について、誤っているものを一つ選びなさい。

1）カテゴリーⅢ飛行を行う場合には、一等無人航空機操縦士資格を受けた操縦者が第一種機体認証を有する無人航空機を飛行させることが求められることに加え、予め「運航管理の方法」について国土交通大臣の審査を受け、飛行の許可・承認を受ける必要がある

2）無人航空機を飛行させる者は、第三者上空飛行に当たり想定されるリスクの分析と評価を実施し、非常時の対処方針や緊急着陸場所の設定等の必要なリスク軽減策を講じることとし、これらのリスク評価結果に基づき作成された飛行マニュアルを含めて、運航の管理が適切に行われることを審査される

3）飛行の許可・承認の審査において、無人航空機を飛行させる者が適切な機体保険に加入する等、賠償能力を有することの確認が行われている

答え　3）

解説

保証加入が求められる保険の種類は、機体保険（墜落等によって損壊した機体の原状回復を補償する保険）ではなく、損害賠償責任保険（第三者の損害を補償する保険）である。

POINT

◆無人航空機操縦者技能証明制度

無人航空機操縦者技能証明（技能証明）制度は、無人航空機を飛行させるのに必要な技能（知識及び能力）を有することを国が証明する資格制度である。

技能証明の申請には、技能証明の資格要件を満たす必要がある。

また、技能証明書の交付の申請手続きについては、「指定試験機関」が実施する学科試験、実地試験及び身体検査に合格する必要がある。無人航空機の民間講習機関のうち国の登録を受けた「登録講習機関」の無人航空機講習（学科講習・実地講習）を修了した者にあっては、技能証明試験のうち実地試験を免除することができる。

最後に、技能証明の取消し等技能証明を受けた者が航空法に違反する等の事実が認められた場合には、技能証明の取消し又は効力の停止を受けることがある。

問題72

技能証明の区分や種類、飛行の方法についての限定等に関する説明として、誤っているものを一つ選びなさい。

1）技能証明は、カテゴリーⅢ飛行に必要な技能に係る一等無人航空機操縦士とカテゴリーⅡ飛行に必要な技能に係る二等無人航空機操縦士の二つの資格に区分される

2）無人航空機の種類（3種類）及び飛行の方法（3種類）について限定がある

3）パワードリフト機（Powered-lift）の飛行に当たっては、回転翼航空機（マルチローター）及び飛行機の両方の種類の限定に係る資格が必要となる

答え　2）

解説

無人航空機の種類は以下の**6種類**となる。

①　回転翼航空機（マルチローター）　重量制限なし

② 回転翼航空機（マルチローター）　最大離陸重量25 kg 未満

③ 回転翼航空機（ヘリコプター）　重量制限なし

④ 回転翼航空機（ヘリコプター）　最大離陸重量25 kg 未満

⑤ 飛行機　重量制限なし

⑥ 飛行機　最大離陸重量25 kg 未満

飛行の方法は以下の**3種類**になる。

① 昼間（日中）の飛行かつ目視内

② 夜間飛行

③ 目視外飛行

問題73

技能証明の申請をすることができない事項について、以下のうちで誤っているものを一つ選びなさい。

1）18歳に満たない者

2）航空法の規定に基づき技能証明を拒否された日から１年以内の者又は技能証明を保留されている者

3）航空法の規定に基づき技能証明を取り消された日から２年以内の者又は技能証明の効力を停止されている者

答え　1）

解説

技能証明を申請することのできない年齢は16歳未満である。

問題74

技能証明試験に合格した者であっても技能証明を拒否又は保留される事項について、誤っているものを一つ選びなさい。

1）アルコールや大麻、覚せい剤等の中毒者

2）航空法等に違反する行為をした者

3）てんかんや認知症、腕・指等の骨折等無人航空機の飛行に支障を及ぼすおそれがある病気にかかっている者やけがを負っている者

答え　3）

解説

技能証明を拒否又は保留するケースとしては、てんかんや認知症といった**無人航空機の飛行に支障を及ぼすおそれがある病気にかかっている者**であり、けがについては該当しない。ほかにも、「**無人航空機の飛行に当たり非行又は重大な過失があった者**」は、技能証明を拒否又は保留される可能性がある。

問題75

技能証明の交付の手続きに関する説明として、誤っているものを一つ選びなさい。

1）技能証明試験に関して不正の行為が認められた場合には、当該不正行為と関係のある者について、その試験を停止し、又はその合格を無効にすることができる。この場合において、当該者に対し一定期間試験を拒否することができる。

2）技能証明の有効期間は２年である。

3）技能証明の更新を申請する者は、「登録更新講習機関」が実施する無人航空機更新講習を有効期間の更新の申請をする日以前３月以内に修了したうえで、有効期間が満了する日以前６月以内に国土交通大臣に対し技能証明の更新を申請しなければならない。

答え　2）

解説

技能証明の**有効期間は３年**である。

問題76

技能証明を受けた者の義務に関する説明として、誤っているものを一つ選びなさい。

1）技能証明を受けた者は、その限定をされた種類の無人航空機又は飛行の方法でなければ、特定飛行を一切行ってはならない。

2）国土交通大臣は技能証明に係る身体状態に応じ、無人航空機を飛行させる際の必要な条件（眼鏡・コンタクトレンズや補聴器の着用等）を付すことができ、当該条件が付された技能証明を受けた者は、その条件の範囲内でなければ特定飛行を行ってはならない。

3）技能証明を受けた者は、特定飛行を行う場合には、技能証明書を携行（携帯）しなければならない。

答え　1）

予め飛行の許可・承認を受けている場合、限定をされた種類の無人航空機又は飛行の方法以外の特定飛行が可能となる。

問題77

技能証明の取消しまたは効力の停止に関する説明として、誤っているものを一つ選びなさい。

1）てんかんや認知症等の無人航空機の飛行に支障を及ぼすおそれがある病気にかかっている又は身体の障害であることが判明したとき

2）アルコールや大麻、覚せい剤等の中毒者である可能性が判明したとき

3）航空法等に違反する行為をしたとき

答え　2）

解説

アルコールや大麻、覚せい剤等の中毒者である可能性ではなく、断定されたときに、技能証明の取消しまたは効力の停止を受けることがある。

ほかにも、「**無人航空機の飛行に当たり非行又は重大な過失があったとき**」に、技能証明の取消しまたは効力の停止を受けることがある。

1.3　航空法以外の法令等

POINT

◆小型無人機等飛行禁止法

小型無人機等飛行禁止法の概要

国会議事堂等の重要施設に対する危険を未然に防止し、もって国政の中枢機能等、良好な国際関係、わが国を防衛するための基盤並びに国民生活及び経済活動の基盤の維持並びに公共の安全の確保に資するため、これら**重要施設及びその周囲おおむね300 m の周辺地域の上空における小型無人機等の飛行を禁止するもの**である。

小型無人機等飛行禁止法の対象

① **小型無人機**

飛行機、回転翼航空機、滑空機、飛行船その他の航空の用に供することができる機器であって構造上人が乗ることができないもののうち、遠隔操作又は自動操縦により飛行させることができるもの。

② **特定航空用機器**

航空機以外の航空の用に供することができる機器であって、当該機器を用いて人が飛行することができるものと定義されており、気球、ハンググライダー及びパラグライダー等が該当する。

飛行禁止の対象となる重要施設

小型無人機等飛行禁止法により、重要施設の敷地・区域の上空（レッド・ゾーン）及びその周囲おおむね300 m の上空（イエロー・ゾーン）においては小型無人機等を飛行させることはできない。

① 国の重要な施設等
② 外国公館等（外務大臣指定）
③ 防衛関係施設（防衛大臣指定）
④ 空港（国土交通大臣指定）

⑤　原子力事業所（国家公安委員会指定）

飛行禁止の例外及びその手続き

例外①　対象施設の管理者又はその同意を得た者による飛行

例外②　土地の所有者等又はその同意を得た者が当該土地の上空において行う飛行

例外③　国又は地方公共団体の業務を実施するために行う飛行

ただし、対象防衛関係施設及び対象空港の敷地又は区域の上空（レッド・ゾーン）においては、上記例外②又は例外③であっても対象施設の管理者の同意が必要となる。

違反に対する措置等

警察官等は、小型無人機等飛行禁止法の規定に違反して小型無人機等の飛行を行う者に対し、機器の退去その他の必要な措置をとることを命ずることができる。また、やむを得ない限度において、小型無人機等の飛行の妨害、破損その他の必要な措置をとることができる。

対象施設の敷地・区域の上空（レッド・ゾーン）で小型無人機等の飛行を行った者及び警察官等の命令に違反した者は、**1年以下の懲役又は50万円以下の罰金**に処せられる。

問題78

小型無人機等飛行禁止法の対象となる小型無人機及び特定航空用機器に関する説明として、誤っているものを一つ選びなさい。

1）飛行機、回転翼航空機、滑空機、飛行船その他の航空の用に供することができる機器であって構造上人が乗ることができないもののうち、遠隔操作又は自動操縦により飛行させることができるもの

2）航空法の「無人航空機」と同様、「小型無人機」は100ｇ未満のものは含まない

3）航空機以外の航空の用に供することができる機器であって、当該機器を用いて人が飛行することができるものと定義されており、気球、ハンググライダー及びパラグライダー等が該当する

答え　2）

解説

航空法の「無人航空機」と異なり、「小型無人機」は**大きさや重さにかかわらず対象**となり、100 g 未満のものも含まれる。

また、選択肢3）の分類は、「**特定航空用機器**」と呼ばれるものである。

問題79

小型無人機等飛行禁止法により飛行禁止の対象となる重要施設に関する説明として、誤っているものを一つ選びなさい。

1）国の重要な施設等として、国会議事堂、内閣総理大臣官邸、最高裁判所、皇居等のほかに、危機管理行政機関の庁舎や対象政党事務所がある

2）防衛関係施設として、自衛隊施設がある

3）空港として、新千歳空港、成田国際空港、東京国際空港、中部国際空港、大阪国際空港、関西国際空港、福岡空港、那覇空港がある

答え　2）

解説

防衛関係施設として自衛隊施設に加えて、在日米軍施設も対象となる。

問題80

小型無人機等飛行禁止法により飛行禁止の対象となる重要施設に関する説明として、誤っているものを一つ選びなさい。

1）外務大臣が指定する外国公館等

2）国家公安委員会が指定する原子力事業所（ただし、民間企業が所有する原子力事業所は除く）

3）防衛大臣が指定する防衛関係施設（自衛隊施設及び在日米軍施設）

答え　2）

解説

国家公安委員会が指定する原子力事業所には、民間企業が所有する例えば原子力発電所も含まれることに注意が必要である。

問題81

小型無人機等飛行禁止法の例外及びその手続に関する説明として、正しいものを一つ選びなさい。

1）航空法に基づく飛行の許可・承認や機体認証・技能証明を取得した場合であっても、対象施設及びその周囲おおむね150 m の周辺地域の上空で小型無人機等を飛行させることはできない

2）対象防衛関係施設及び対象空港の敷地又は区域の上空（レッド・ゾーン）においては、対象施設の管理者又はその同意を得た者による飛行のみ可能となる

3）飛行禁止の例外に当たる場合であっても、対象施設及びその周囲おおむね150 m の周辺地域の上空で小型無人機等を飛行させる場合、都道府県公安委員会等へ通報しなければならない

答え　2）

解説

小型無人機等飛行禁止法により飛行が規制される場所は、**重要施設の敷地・区域の上空（レッド・ゾーン）**及び**その周囲おおむね300 m の上空（イエロー・ゾーン）**である。150 m ではない。

また、例外に当たる場合を整理すると、次の表のとおりとなる。

表1.1　小型無人機等飛行禁止法の例外

飛行禁止の例外

	原則		防衛関係施設・空港	
	敷地又は区域	周囲300m	敷地又は区域	周囲300m
対象施設の管理者又はその同意を得た者による周辺地域上空の飛行	○	○	○	○
土地所有者等又はその同意を得た者による当該土地上空の飛行	○	○	×	○
国又は地方公共団体の業務実施のために行う周辺地域上空の飛行	○	○	×	○

飛行の前に、予め都道府県公安委員会（警察）・管区海上保安本部長等に通報しなければならない。

※対象防衛関係施設、対象空港の周辺地域上空の飛行については、施設の管理者への通報も必要。

（出典：警察庁　小型無人機等飛行禁止法関係
https://www.npa.go.jp/bureau/security/kogatamujinki/index.html）

問題82

小型無人機等飛行禁止法の規定に違反した際の措置に関する説明として、誤っているものを一つ選びなさい。

1）警察官等は、小型無人機等飛行禁止法の規定に違反して小型無人機等の飛行を行う者に対し、機器の退去その他の必要な措置をとることを命ずることができる

2）やむを得ない限度において、小型無人機等の飛行の妨害、破損その他の必要な措置をとることができる

3）対象施設の敷地・区域の上空（レッド・ゾーン）で小型無人機等の飛行を行った者及び警察官等の命令に違反した者は、50万円以下の罰金に処せられる

答え　3）

解説

小型無人機等飛行禁止法の規定に違反した際の刑罰は、**1年以下の懲役**又は**50万円以下の罰金**である。

Memo

POINT

◆電波法

制度概要

これらの無線設備を日本国内で使用する場合には、電波法令に基づき、国内の技術基準に合致した無線設備を使用し、微弱な無線局や一部の小電力の無線局は除き、原則、総務大臣の免許や登録を受けた上で無線局を開設する必要がある。

免許又は登録を要しない無線局

発射する電波が極めて微弱な無線局や、一定の技術的条件に適合する無線設備を使用する小電力の無線局については、無線局の免許又は登録が不要である。

① 微弱無線局（ラジコン用）
② 一部の小電力の無線局

アマチュア無線局

上記の無線局のほか、無人航空機にアマチュア無線が用いられることがある。この場合は、アマチュア無線技士の資格及びアマチュア無線局免許が必要である。なお、アマチュア無線とは、金銭上の利益のためでなく、専ら個人的な興味により行う自己訓練、通信及び技術研究のための無線通信である。そのため、アマチュア無線を使用した無人航空機を、利益を目的とした仕事等の業務に利用することはできない。

携帯電話等の上空利用

携帯電話等の移動通信システムは、地上での利用を前提に設計されていることから、その上空での利用については、通信品質の安定性や地上の携帯電話等の利用への影響が懸念されている。こうした状況を踏まえ、実用化試験局の免許を受ける、又は、高度150 m 未満において一定の条件下で利用することで、既設の無線局等の運用等に支障を与えないことを条件に、携帯電話等を無人航空機に搭載して利用できるよう、制度を整備している。

問題83

電波法の制度概要及び無人航空機に用いられる無線設備に関する説明として、誤っているものを一つ選びなさい。

1）無線設備を日本国内で使用する場合には、電波法令に基づき、国内の技術基準に合致した無線設備を使用し、原則、総務大臣の免許や登録を受け、無線局を開設する必要がある

2）無人航空機においては、その操縦や画像伝送のために電波を発射する無線設備が利用されている

3）無線設備のなかには免許又は登録を要しない無線局があり、これは最大送信出力が微弱な無線局や一部の小電力データ通信システムの無線局である。小電力データ通信システムに至っては、技術適合（技適）マークすら不要である

答え　3）

解説

小電力データ通信システムについては、技術適合（技適）マークが必要である。一方で微弱な無線局には技術適合（技適）マークが不要である。

問題84

アマチュア無線に関する説明として、誤っているものを一つ選びなさい。

1）無人航空機にアマチュア無線が用いられることがある。この場合は、アマチュア無線技士の資格及びアマチュア無線局免許が必要である

2）無人航空機からの画像伝送に5GHz帯のアマチュア無線局を使用する場合が多いが、5GHz帯のアマチュア無線は、周波数割当計画上、二次業務に割り当てられている。このため、同一帯域を使用する他の一次業務の無線局の運用に妨害を与えないように運用しなければならない

3）アマチュア無線とは、金銭上の利益のためだけでなく、個人的な興味により行う自己訓練、通信及び技術研究のための無線通信でもある。アマチュア無線を使用した無人航空機を、利益を目的とした仕事等の業務に利用する場

合には、短時間にするといった配慮が必要になる

答え　3）

解説

アマチュア無線を営利目的では利用できない。たとえ短時間であっても営利目的に利用することはあってはならない。

問題85

携帯電話を上空で利用する際の注意事項等に関する説明として、誤っているものを一つ選びなさい。

1）携帯電話等の移動通信システムは、地上での利用を前提に設計されていることから、上空での利用については、通信品質の安定性や地上の携帯電話等の利用への影響が懸念されている

2）1）の状況を踏まえ、実用化試験局の免許を受ける、又は、高度150 m 未満において一定の条件下で利用することで、既設の無線局等の運用等に支障を与えないことを条件に、携帯電話等を無人航空機に搭載して利用できるよう、制度が整備されている

3）高度150 m 以上においては、既設の無線局等の運用等に支障を与えないことから、特に届け出等、不要である

答え　3）

解説

携帯電話の高度150 m 以上においては、150 m 未満と同じく、実用化試験局の免許を受ける。又は、携帯電話事業者に利用申込みを行う必要がある。

POINT

◆飛行自粛要請空域

法令等に基づく規制ではないが、警備上の観点等から警察等の関係省庁等の要請に基づき、国土交通省が無人航空機の飛行自粛を要請することがある。飛行自粛要請空域が設定される場合には国土交通省のホームページ・X（旧 Twitter）にて公示するため、無人航空機の操縦者は、飛行を開始する前に、当該空域が飛行自粛要請空域に該当するか否かの別を確認し、その要請内容に基づき適切に対応すること。

問題86

飛行自粛要請空域が設定された際に公示される手段・ツールについて、誤っているものを一つ選びなさい。

1）国土交通省のホームページ
2）国土交通省のＸ（旧 Twitter）
3）国土交通省のインスタグラム

答え　3）

解説

国土交通省から飛行自粛要請空域について広く公開されるのは、国土交通省のホームページとＸ（旧 Twitter）の２通りがある。

2章 無人航空機のシステム

2.1　無人航空機の機体の特徴（機体種類別）

POINT

◆無人航空機の種類と特徴

無人航空機の種類としては、回転翼航空機である「**マルチローター**」と「**ヘリコプター**」、そして**飛行機**がある。

マルチローターとヘリコプターは、垂直離着陸やホバリングが可能という特徴がある。一方で飛行機は、垂直離着陸やホバリングはできないが、回転翼航空機と比較して飛行速度が速く、エネルギー効率が高いことから長距離・長時間の飛行が可能という特徴がある。

さらに、回転翼航空機と飛行機の両方の特徴をあわせもった、すなわち垂直離着陸やホバリングが可能で、巡行飛行中は飛行機のように翼で発生する揚力によって効率的な飛行が可能となるという特徴をもったパワードリフト機（いわゆるVTOL）もある。

問題87

回転翼航空機であるマルチローターとヘリコプター、そして飛行機のそれぞれの特徴の説明として、誤っているものを一つ選びなさい。

1）マルチローターとヘリコプターの特徴は、垂直離着陸が可能、ホバリングが可能といった点で似通っている

2）飛行機の特徴は回転翼航空機とは正反対で、垂直離着陸やホバリングができない一方で、飛行速度が速く、長距離・長時間飛行が可能という特徴をもつ

3）回転翼航空機は、飛行機と比較してエネルギー効率が高いという特徴がある

答え　3）

解説

回転翼航空機はプロペラ及びローターを回転し続けなければ揚力を失うが、飛行機は推進力を小さくしても滑空状態により飛行できることから、長距離・長時間の飛行が可能となる。**飛行機の方が、エネルギー効率が高い。**

問題88

パワードリフト機の特徴の説明として、正しいものを一つ選びなさい。

1）飛行機と同様、滑走路を必要とするが、その滑走路の長さは短いもので問題ない

2）垂直離着陸が可能で、水平方向の移動は翼の発生する揚力による効率的な飛行が可能である

3）巡行飛行中も常にプロペラの回転による揚力が必要とすることから、回転翼航空機と同程度のエネルギー効率となり、飛行機にはまったく及ばない

答え　2）

解説

パワードリフト機は、回転翼航空機の特徴である垂直離着陸の能力を有しながら、同時に航空機の特徴である翼の発生する揚力を活用した長距離・長時間飛行が可能という特徴をあわせもつ。このことから、滑走路というより離陸地点（場所）があればよく、また、巡行飛行中はプロペラの回転を止めても滑空状態であれば、翼によって揚力が発生することから飛行機と同様、効率的な飛行が可能となる。

POINT

◆**飛行機**

飛行機の最大の特徴は、**翼の発生する揚力によって自重を支えることができる**点にある。このために、**回転翼航空機に比較して少ないエネルギーで高速飛行・長距離・長時間飛行が可能**となる。また、飛行中に推力を失ったとしても、**滑空飛行状態であれば飛行し続けられ、直ちに墜落することはない。**

揚力を得るためには最低速度がある。最低速度未満の低速飛行はできない。また、**離着陸に必要な範囲は広い場所が必要で、操縦技術も高度な技術が要求される。**前進飛行により揚力を発生させて空中を飛行するという原理から、**垂直方向や真横、後退方向の移動とホバリングはできない。**

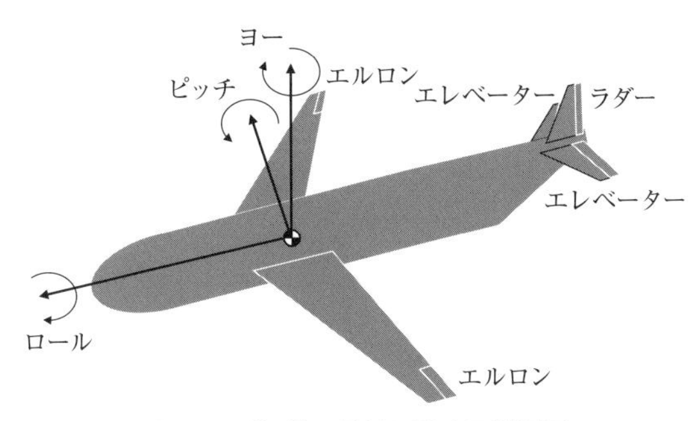

図2.1　飛行機の操舵に関する説明図

飛行機の操舵に関する説明は以下のとおり。

エレベーター（水平尾翼後端についた舵面（昇降舵））：機首を上昇または下降させる（上下ピッチ方向）

ラダー（垂直尾翼後端についた舵面（方向舵））：機首を右または左に振る（左右ヨー方向）

エルロン（主翼端の後端についた舵面（補助翼））：左右の補助翼を互い違いに動かし、機体を右または左に傾ける（左右ロール方向）

飛行機の横方向の移動は、バンクターン（旋回）といって、エルロンとエレベーターの組合せで行う（姿勢安定装置を用いない場合)。すなわち、エルロンを操作して機体を横方向（ロール）に傾けながら、同時にエレベーターで上昇方向の舵を入れながら機体を旋回させる。

また、**過度の低速飛行や過度の上昇角度、そして過度に旋回半径を小さくすると、翼面から空気が剥離し、失速という状態に陥ることがある**。失速時は舵の操作が効かなくなり、最悪の場合、墜落する。

最大離陸重量25 kg 以上の大型飛行機は、主翼面積がより大きく、ガソリンエンジン等、推進動力の選択肢も広がるのでより長距離・長時間飛行も可能になる。

また、25 kg 未満の飛行機に比べて重いことから、**風の影響も受けにくくなる**。同時に**機体の慣性力が大きいことから、増速・減速・上昇・下降等に要する時間と距離が長くなる**。さらに、小型の機体よりも**騒音が大きくなる**ため、飛行ルート周辺への配慮も必要となる。

大型機は、その機体の大きさと重量の大きさから**事故発生時の影響が大きくなる**ことが考えられる。よって、操縦者の運航への習熟度及び安全運航意識が十分に高いことが要求される。緊急着陸地点の選定についても、小型機より広い範囲が必要である。

問題89

飛行機の特徴に関する説明として、誤っているものを一つ選びなさい。

1）翼の発生する揚力によって自重を支えることができる

2）飛行機が必要とする揚力は、向かい風であればごくわずかな風量でも発生する

3）飛行中に揚力を失ったとしても、滑空飛行状態であれば飛行し続けることができ、直ちに墜落することはない

答え　2）

解説

飛行機の翼が揚力を生む要素には**最低飛行速度**がある。この最低飛行速度を下回る速度、すなわち相対的にごくわずかな向かい風では十分な揚力を得ることができない。

なお、飛行速度には対地速度と対気速度があるが、飛行機にとって重要なのは対気速度である。また、最低飛行速度を下げるためには主翼面積を大きくすることも重要である。例えば旅客機は、離着陸時に主翼面積を大きくして最低飛行速度を下げ、離陸や着陸をしている。

問題90

飛行機の特徴に関する説明として、誤っているものを一つ選びなさい。

1）適切な機体設計がなされていて、一定以上の飛行速度が維持できていれば、無操縦、無制御でも飛行安定性が保たれる

2）推進力の制御ができない異常事態を想定すると、緊急着陸エリアは広い場所を用意する必要がある

3）墜落または不時着は、ピンポイントの狭小地に抑えることができる

答え　3）

解説

飛行機の異常時は、滑空後に続いて墜落または不時着が考えられることから、落下地点は狭い場所に抑えることが不可能で、比較的広範囲に事故現場が広がる恐れがあると考える必要がある。

問題91

回転翼航空機と比較した飛行機の特徴に関する説明として、誤っているものを一つ選びなさい。

1）回転翼航空機と比べて比較的少ないエネルギーで高速飛行・長距離・長時間飛行が可能である

2）前後移動は可能であるが、垂直方向や真横の移動とホバリングは不可能である

3）離着陸に必要な範囲は回転翼航空機と比べて広い場所が必要で、操縦技術

も比較的高度な技術が必要である

答え　2）

解説

航空機は後退できない。

問題92

飛行機の操舵に関する説明として、誤っているものを一つ選びなさい。

1）機体を上昇させるには、昇降舵と呼ばれる水平尾翼後端についた舵面（エレベーター）を上に動かす

2）機首を右に振るには、方向舵と呼ばれる垂直尾翼後端についた舵面（ラダー）を右に動かす

3）機体を右に傾けるには、補助翼と呼ばれる主翼端の後端についた舵面（エルロン）を上に動かす

答え　3）

解説

機体を右に傾けるには、主翼端の後端についた補助翼（エルロン）を、右補助翼は上、左補助翼は下といった具合に左右互い違いの方向に動かす必要がある。

問題93

姿勢安定装置を用いない場合の飛行機の旋回に関する説明として、正しいものを一つ選びなさい。

1）ラダーを使って機首を右または左に振ることで行う

2）エルロンを使って機体を右または左に傾けることで行う

3）エルロンを使って機体を右または左に傾け、同時にエレベーターを使って機首を上昇させることで行う

答え　3）

解説

飛行機の旋回は、**バンクターン**といって、エルロンとエレベーターの組合せで行う。

問題94

飛行機の操縦を誤ると、翼面から空気が剥離し、失速という状態に陥ることがある。このときの誤った操縦方法として、正しいものを一つ選びなさい。

1）過度な低空飛行
2）過度な上昇角度
3）過度に小さな旋回半径

答え　1）

解説

過度の**低速**飛行や過度の上昇角度、そして過度に旋回半径を小さくすると、翼面から空気が剥離し、**失速**という状態に陥ることがある。航空機が飛行する高度の低さが、失速の原因とはならない。

問題95

最大離陸重量25 kg 以上の大型飛行機の特徴として、誤っているものを一つ選びなさい。

1）機体重量が重いことから、風の影響を受けにくくなる
2）重量制限がなくなり推進動力の選択肢が電動モーターからガソリン等のエンジンに変わるが、そもそも機体重量が重いことから、長距離・長時間飛行は難しい
3）大きなモーター、あるいはエンジン等を搭載することにより、騒音が大きくなるため、飛行ルート周辺への配慮が必要となる

答え　2）

解説

ガソリン等のエンジンが搭載されると、大出力かつ高効率な飛行が可能となることから、最大離陸重量25 kg 未満の機体に比べて、長距離・長時間飛行が可能になる。

問題96

最大離陸重量25 kg 以上の大型飛行機の特徴として、正しいものを一つ選びなさい。

1）機体に搭載されるモーター、またはエンジンは大型で強力なものであることから、増速・減速・上昇・下降等に要する時間と距離が短くなる傾向がある。

2）緊急着陸地点の選定については、小型機より広い範囲が必要である。

3）大型機も小型機も事故発生時の影響はほぼ変わらない。特に考え方を変えることなく、平常心で運航すればよい。

答え　2）

解説

大型機は慣性力が大きいことから、増減速や姿勢変化に係る時間と距離は長くなる傾向がある。また、大型機の事故は、その機体の大きさと重量から影響は大きくなると考える必要があり、小型機を飛ばす感覚と同様では問題がある。より慎重な姿勢が必要である。

POINT

◆回転翼航空機（ヘリコプター）

回転翼航空機の中でもヘリコプターの最大の特徴は、**垂直離着陸、ホバリング、低速飛行を可能とする点**である。**しかし、これには大きなエネルギー消費を伴い、風の影響を受けやすい。**

同じ回転翼航空機であるヘリコプター型をマルチローター型と比べると、ヘリコプター型は1組のローターで揚力を発生させるため、マルチローター型に比べてローターの直径が大きく、**効率良く揚力を得ることができる。**同時に、**スワッシュプレート**と呼ばれるローターの回転面を傾けたり（機体を前後左右に運動させる）、ローターピッチ角を変えたり（上昇・下降させる）するための複雑な機構や、**テールローター**と呼ばれるローターの反トルクを打ち消したり、ヨー方向の向きを変えたりする機構をもつ。

最大離陸重量25 kg 以上の大型ヘリコプターは、25 kg 未満のヘリコプターに比べて重いことから、**慣性力が大きく操舵時の機体挙動が遅れ気味になる**ため、**特に定点で位置を維持するホバリングでは早めに操舵することが必要**となる。また一般的に**小型の機体よりエンジン騒音やローター騒音が大きくなる**ことから、飛行ルート周辺への配慮も必要となることや、機体の大きさと重量の大きさから**事故発生時の影響が大きくなる**こと等、注意事項が大型飛行機と似通っている。

問題97

回転翼航空機（ヘリコプター）の特徴に関する説明として、正しいものを一つ選びなさい。

1）垂直離着陸、ホバリング、低速飛行が可能である

2）風の影響を受けやすく、飛行機や回転翼航空機（マルチローター）に比べてエネルギー消費が小さい

3）一対のローターで揚力を発生させる

答え　1）

解説

ヘリコプターは、垂直離着陸、ホバリング、低速飛行が可能である。ほかにも、真横、真後ろへの運動も可能である。

また、風の影響を受けやすいことは確かであるが、エネルギー消費については、マルチローターに勝るが、飛行機には劣る。

揚力は、一つの大きなメインローターから得る。テールローターは揚力を生み出すためではなく、メインローターが生み出す反トルクを打ち消したり、機首の左右（ヨー）方向の向きを変えたりする役割をもつ。

問題98

回転翼航空機（ヘリコプター）の特徴に関する説明として、正しいものを一つ選びなさい。

1）回転翼航空機（マルチローター）に比べ、一つのメインローターの直径が大きく、回転には大きな力を要し、効率面で劣る

2）離着陸に必要な場所は、滑走路が不要で比較的狭く済むが、上方の空間に障害物がない開けた場所が必要である

3）構造が複雑なために製造コストが嵩むが、故障率は低い

答え　2）

解説

ヘリコプターは、揚力を一つの大きなメインローターから得るために効率が良く、飛行機には劣るが、マルチローターには勝る。

実は真上への上昇は、非常に多くのエネルギーを要し、苦手である。基本、前方への移動を伴いながら高度を上げる（要するに斜め上に高度を上げていく）。このため、離陸には滑走路は必要ないが、前方に開けた空間が必要になる。

また、スワッシュプレート等の複雑な機構をもち、製造コストも高くなる。部品点数が多いことから、整備にも時間を要し、故障率も複雑なぶん、高くなる。

問題99

主に回転翼航空機（ヘリコプター）に備わる複雑で特徴的な機構である「スワ

ッシュプレート」の役割に関する説明として、誤っているものを一つ選びなさい。

1）機体を前後左右に移動させる場合に、メインローターの回転面を傾ける

2）機体を上昇・下降させる場合に、メインローターのピッチ角を変える

3）機首を左右方向に向ける場合に、テールローターの回転面を傾ける

答え　3）

解説

ヘリコプターのメインローターに備わる**スワッシュプレート**の役割は、選択肢1）と2）のとおり。一方、テールローターは、テールローターのピッチ角を変えることで出力に強弱をつけ、メインローターが生み出す反トルクに対抗する力を強めたり弱めたりすることにより、機首の左右（ヨー）方向の向きを変える仕組みである。

問題100

最大離陸重量25 kg 以上の大型回転翼航空機（ヘリコプター）の特徴として、誤っているものを一つ選びなさい。

1）慣性力が大きく操舵時の機体の姿勢変化が遅れ気味になることから、増速・減速・上昇・下降等に要する時間と距離が長くなる傾向がある

2）小型の機体よりエンジン騒音やローター騒音が大きくなることから、飛行ルート周辺への配慮も必要となる

3）定点で位置を維持するホバリングでは、重い機体重量が利点となって安定度を高めることから操舵が比較的優しくなる傾向がある

答え　3）

解説

最大離陸重量25 kg 以上の大型ヘリコプターは、機体重量が重いことから、慣性力が大きく操舵時の機体挙動が遅れ気味になるため、早めに操舵が必要となり、操縦の難易度も比較的難しい。これは、機体の前後・左右・上下移動時だけに限らず、ホバリング時にも同様のことがいえる。

POINT

◆回転翼航空機（マルチローター）

回転翼航空機の中でもマルチローターの特徴は、ヘリコプターと同様に垂直離着陸、ホバリング、低速飛行を可能とする点である。これは、機体外周に配置された複数のローター（一般的には偶数個）を高速回転させることで可能となる。しかし、大きなエネルギー消費を伴い、風の影響を受けやすい。隣り合うローターの回転方向は、時計回転（CW：クロックワイズ）と反時計回転（CCW：カウンタークロックワイズ）の方向で構成され、反トルクにより機体の回転バランスを保っている。

同じ回転翼航空機であるヘリコプター型とマルチローター型と比べると、1組のローターで揚力を発生させるため、マルチローター型に比べてローターの直径が大きく、効率良く揚力を得ることができる。同時に、スワッシュプレートと呼ばれるローターの回転面を傾けたり（機体を前後左右に運動させる）、ローターピッチ角を変えたり（上昇・下降させる）するための複雑な機構や、テールローターと呼ばれるローターの反トルクを打ち消したり、ヨー方向の向きを変えたりする機構をもつ。特に重要な観点として、ヘリコプター型はローターの回転数が一定で可変ピッチであるのに対して、マルチローター型は複数のプロペラの回転数を独立に変動させて飛行制御を行うため、ほとんどが固定ピッチであるという特徴がある。この結果、スワッシュプレート等の機構が不要となり、テールローターも不要で極めてシンプルな構造をしているために、価格も安く信頼性も向上してきた。このことが、ドローンが普及する理由ともなっている。

回転翼航空機（マルチローター）の最大離陸重量25 kg 以上の大型機の特徴としては、25 kg 未満のマルチローターに比べて重いことから、慣性力が大きく操舵時の機体挙動が遅れ気味になる等、ヘリコプターの特徴によく似ている。また、エンジン騒音やローター騒音が大きくなることや、事故発生時の影響が大きくなること等も大型のヘリコプターや大型の飛行機と似通っている。

問題101

回転翼航空機（マルチローター）の特徴に関する説明として、誤っているものを一つ選びなさい。

1）垂直離着陸、ホバリング、低速飛行、真横や真後ろへの運動が可能である
2）風の影響を受けやすく、飛行機や回転翼航空機（ヘリコプター）に比べてエネルギー消費が大きい
3）複数のローターを備え、すべてのローターの回転方向が同一である

答え　3）

解説

マルチローターの特徴は、ヘリコプターに似ており、垂直離着陸、ホバリング、低速飛行、真横、真後ろへの運動も可能である。また、風の影響を受けやすいこともヘリコプターと似ている。エネルギー消費については、飛行機はもちろん、ヘリコプターにも劣る。

一般的に、マルチローターに備わるローターの数は偶数であり、隣り合うローターの回転方向は逆方向である。

問題102

回転翼航空機（マルチローター）の特徴に関する説明として、誤っているものを一つ選びなさい。

1）複数のローター（モーター）の回転数の高低をフライトコントローラーにより一括して同じ回転数に制御することにより機体の姿勢や位置を変化・安定させている
2）個々のモーター性能を同一と仮定した場合、ローターの数が多いほど耐障害性能は向上し、ペイロード（積載可能重量）は増える
3）複数のローターを備え、隣り合うローターの回転方向は逆向きである

答え　1）

解説

マルチローターのローター（モーター）の制御は、フライトコントローラーによってそれぞれ独立に制御される。一つひとつのローター（モーター）の回転数が独立して制御されることで、姿勢を傾けたり、水平に保ったりすることで色々な方向に運動したり、ホバリングしたりすることになる。

問題103

回転翼航空機（マルチローター）の特徴に関する説明として、誤っているものを一つ選びなさい。

1）比較的シンプルな構造で部品点数も少なく、製造コスト及び故障率が低い

2）万が一の場合のフェイルセーフ機能として、ヘリコプターと同様、オートローテーション機能が備わる

3）飛行機やヘリコプターと比較して操縦が容易で、メンテナンスもしやすく、小さな機体も数多くあって可搬性に優れ、扱いやすい

答え　2）

解説

マルチローターには、オートローテーション機能は基本的には備わっていない。ヘリコプターに備わるオートローテーション機能とは、メインローターを駆動するモーターまたはエンジンが何らかの異常で停止した際に、機体が落下することで下から上に向かう空気の流れを利用してメインローターを回転させ、揚力を生み出す仕組みのことである。ただし、十分に高い高度が必要になるといった作動条件がある。

問題104

回転翼航空機（マルチローター）の運動に関する説明として、誤っているものを一つ選びなさい。

1）すべてのローターの回転数を増加させていくと揚力を得て、機体は上昇を始める。機体重量と揚力がつり合った状態をホバリングという

2）機体の前後左右移動は、その移動したい側のローターの回転数を上げ、反対側のローター回転数を下げることで機体が傾き、ローター推力の合力が、

移動したい方向の反対に傾くので、傾いた方向に機体が移動する

3）ホバリングの状態で、時計方向または反時計方向の旋回を指示すると、指示した旋回方向のローターの回転数が下がり、トルクバランスが崩れ回転が始まる

答え　2）

解説

機体の前後左右移動は、その指示した側のローターの回転数を下げ、反対側のローター回転数を上げることで機体が傾き、ローター推力の合力が、指示した方向に傾くので、傾いた方向に機体が移動する。

例えば、機体の左移動は、左側のローターの回転数を下げ、右側のローターの回転数を上げることで機体が左下がりに傾き、ローター推力の合力が左側に傾くことから、機体が左に移動する。旋回については、時計方向に旋回したい場合は時計方向の回転数を下げて、反時計方向の回転数を上げると、時計方向の反トルクが大きくなるため、機体は時計方向に旋回する。

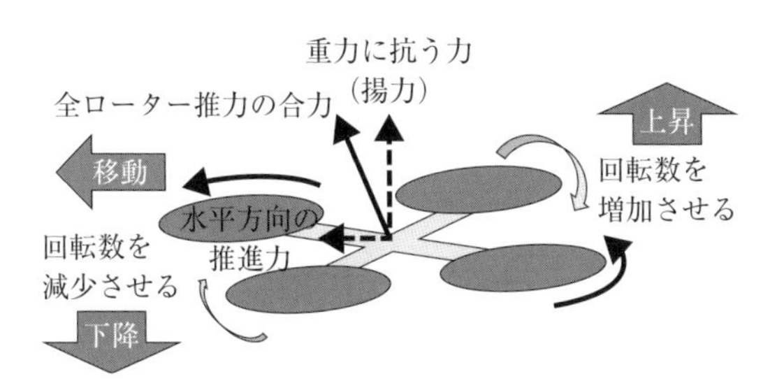

図2.2　回転数とローター推力の合力及び左移動の関係

問題105

回転翼航空機（マルチローター）を操縦する際に、機体の動きを指示するために用いられる用語として、誤っているものを一つ選びなさい。

1）スロットル：前後移動

2）エルロン：左右移動

3）ラダー：機首方向の旋回

答え　1）

解説

機体の前後移動は、**エレベーター**という。スロットルは、機体の上昇・下降をいう。

問題106

回転翼航空機（マルチローター）の機体の動きを表す用語として、誤っているものを一つ選びなさい。

1）機体の上昇・下降：スロットル
2）機体の左右移動：エレベーター
3）機首の左右旋回：ラダー

答え　2）

解説

機体の左右移動は、**エルロン**という。エレベーターは、機体の前後移動をいう。

問題107

回転翼航空機（マルチローター）の構造の説明として、正しいものを一つ選びなさい。

1）一つのプロペラは一つのモーターとペアになり、全体で奇数個になる
2）プロペラは基本的に可変ピッチであり、ピッチ角を変えることで揚力の強弱をコントロールしている
3）隣り合うプロペラの回転方向は基本的に逆向きとなり、お互いに反トルクを打ち消し合っている

答え　3）

解説

選択肢1）について、マルチローターのプロペラとモーターの組合せは1対1であり、基本的には全体で偶数個となる。

また、選択肢2）について、マルチローターのプロペラのピッチは固定されており、揚力の強弱はプロペラ（モーター）の回転数の高低でコントロールしている。

問題108

回転翼航空機（マルチローター）の最大離陸重量25 kg 以上の大型機の特徴として、誤っているものを一つ選びなさい。

1）飛行時の慣性力が増加するが、機体に備える動力源のパワーも増加することから、機体の上昇・下降や加減速等に要する時間と距離は短時間でかつ短くなる

2）離着陸やホバリング時の地面効果の影響範囲（高度）が広がり、高度な操縦技術が必要となる

3）飛行時機体から発せられる騒音も大きくなり、周囲への影響範囲も広がる

答え　1）

解説

最大離陸重量が25 kg 以上となると、飛行時の慣性力が増加する。このことが、機体の上昇・下降や加減速等に要する時間を延ばし、また距離は長くなる。

Memo

POINT

◆無人航空機の機体の特徴（飛行方法別）

航空法では原則として、無人航空機は日出から日没までの間において飛行させることになっている。日没及び日出時刻は地域により異なるため、事前に確認する必要がある。また、これ以外の夜間（日没から日出までの間）に飛行させる場合は承認が必要である。

夜間飛行では、機体の姿勢や進行方向が視認できないため、事前に灯火器を装備するといった準備が必要である。

また、航空法では原則として、無人航空機は操縦者の直接目視によって飛行させることになっている。

目視外飛行では機体の状況や、障害物、他の航空機等の周囲の状況を直接肉眼で確認することが困難になるので、補助者の配置や機体に設置されたカメラによる画像や機体の位置、速度、異常等の状態をリアルタイムに把握することが必要である。

問題109

夜間飛行に関する説明として、誤っているものを一つ選びなさい。

1）無人航空機は日出から日没までの間において飛行が可能となっている。これは航空法が定めるところである

2）事前に承認を得ると、日没から日出までの間に飛行が可能となる

3）日没及び日出の時刻は、日本のどこの地域でも、またどの時期でも一律で定められており、その時刻は、日没は17時、日出は７時となっている

答え　3）

解説

日没及び日出の時刻は、一律の定めではなく、実際の日没・日出の時刻である。当然、地域と時期によって異なることから、事前に確認が必要である。

問題110

夜間飛行に必要な装備に関する説明として、誤っているものを一つ選びなさい。

1）無人航空機の姿勢及び進行方向が正確に視認できる灯火を搭載することが望ましい
2）操縦者の手元で無人航空機の位置、高度、速度等の情報が把握できる送信機を使用することが望ましい
3）離着陸地点や計画的に用意する緊急着陸地点、そして飛行経路中の回避すべき障害物を視認できるよう、地上照明を当てる

答え　1）

解説

無人航空機の夜間飛行において、**姿勢及び進行方向を正確に視認・把握するための灯火器**は、搭載が必須である。あればよい・搭載が望ましいという内容・レベルではないことに注意が必要である。

問題111

補助者が配置される目視外飛行に必要な装備に関する説明として、誤っているものを一つ選びなさい。

1）自動操縦システム
2）機体の周囲の様子を撮影し、その画像を地上で監視できるカメラシステム
3）機体の登録記号や製造番号の発信状況を地上で監視できるテレメトリーシステム

答え　3）

解説

機体の登録記号や製造番号の発信については、もちろん必要であるが、これは**リモートIDシステム**が担っている（ちなみに、登録記号や製造番号は静的情報に当たる）。補助者ありの無人航空機の目視外において必要なのは、機体の高度、速度、位置、不具合状況等の機体情報を地上において監視できるテレメトリーシステムである。

問題112

目視外飛行を行う無人航空機に必要な危機回避機能の説明として、誤っているものを一つ選びなさい。

1）電波断絶時の自動帰還機能や空中停止機能
2）GNSS 電波異常時の空中停止機能や安全な自動帰還機能
3）電池異常時の発煙発火防止等の機能

答え　2）

解説

GNSS 電波異常時は、自動帰還しようにも、位置情報が不正確なため、安全な帰還がままならない状況である。GNSS 電波異常時は空中停止及び自動着陸機能が求められる。ただし、GNSS 異常時なので、機体の緯度経度の位置決め（維持）の精度は悪く、空中停止であれば水平方向の若干の移動を伴うし、最終的に実行される自動着陸も水平方向の位置決めが不安定になりながらの高度低下になることはやむを得ない。

問題113

補助者が配置されない目視外飛行に追加が必要な装備に関する説明として、誤っているものを一つ選びなさい。

1）飛行環境に十分に配慮し、地味で目立ちにくく、周囲に溶け込む塗色
2）計画上の飛行経路と飛行中の機体の位置の差を把握できる操縦装置
3）第三者に危害を加えないことを製造事業者等が証明した機能

答え　1）

解説

特に補助者が配置されない目視外飛行では、当該無人航空機が飛行する空域に航空機等が入ってきた場合に発見が遅れる恐れがあることから、航空機側から当該無人航空機の存在を認識しやすいように灯火設備の搭載や塗色の工夫が必要とされている。

問題114

夜間飛行の注意点と対策に関する組合せとして、誤っているものを一つ選びなさい。

1）飛行経路下の計画的に用意する緊急着陸エリア・地点の認識が難しいことから、地上照明で照らす等の対応が必要である

2）機体の姿勢や進行方向の視認が難しいため、機体に機体の前後をわかりやすくした灯火器を装備する必要がある

3）機体周辺の障害物の認識が難しいことから、機体に搭載された衝突回避用のビジョンセンサを必ず有効にして、頼る必要がある

答え　3）

解説

夜間飛行はとにかく自機と周辺の様子を正確に認識することが難しい。機体の前後で色を変える等の工夫をした灯火器を搭載する、計画段階でわかっている障害物や離着陸エリア・地点については地上照明で照らすといった準備が必要である。

また選択肢3）にある障害物回避センサについては、特に可視カメラがセンサとして使われている場合、夜間では対象となる障害物がそもそも暗くて認識できない可能性があることから、これに頼ることは危険である。周囲が暗くても反応するのか？問題ないのか？衝突回避センサの仕様を事前に調べて理解しておく必要がある。

問題115

補助者が配置され、無人航空機の周囲の安全を確認できる場合の目視外飛行の注意点と対策に関する組合せとして、誤っているものを一つ選びなさい。

1）操縦者の目視による操縦ではない事から操縦の難易度が非常に高い。自動操縦システムの搭載が必要である

2）障害物や他の航空機等の周囲の状況を直接肉眼で確認することができないことから、機体に搭載されたカメラや機体の位置、移動速度を地上で把握することができる機能が必要である

3）無人航空機とその周囲の状況を直接肉眼で確認することができないことから、電波途絶やGNSS電波受信異常等異常事態が発生した場合に、補助者の誘導が操縦者に正確に伝わるようにテレビ会議（Web会議）システムの準備が必要である

答え　3）

解説

補助者ありの目視外飛行は、補助者の監視の支援があるが、この支援だけでは不十分である。機体の周囲の様子や機体の状態（位置・移動速度・異常有無）を地上でリアルタイムに把握できる機能が必要である。また、自動操縦システムといった安全な航行支援機能も必要である。

万が一の事態では、もちろん補助者からの正確な情報が得られるに越したことはないが、対応策としては不十分であり、空中停止や自動着陸、自動帰還といったフェイルセーフ機能を備えている機体を選定し、利用する必要がある。

問題116

補助者が配置されない場合の目視外飛行の注意点と対策に関する組合せとして、誤っているものを一つ選びなさい。

1）機体やその周囲の状況を直接肉眼で監視することができないことから、飛行中の機体の現在位置・高度・移動速度等が地上でリアルタイムに確認できる装置に加えて、飛行した経路を把握できる機能が必要である

2）機体の周囲の航空機の存在有無を直接肉眼で確認することができないことから、有人機からの視認性を高める目的で機体の塗色や灯火類の搭載等、工夫が必要である

3）補助者が居ないことから第三者の立ち入りの際に対応が遅れ、更に墜落するといった最悪の場合が想定できることから、無人機と第三者が接触したとしても危害を加えないことを製造事業者等が証明した機能を搭載することが必要である

答え　1）

解説

補助者が配置されない場合の目視外飛行は、機体とその周囲の状況を直接肉眼で監視していないことから非常にリスクの高い飛行となる。このことから、飛行中の機体から多くの情報を地上で確認しながら慎重に飛行させる必要がある。現在位置、高度や移動速度、そして飛行開始から現在位置までに飛行した経路だけでなく、元々の計画時の飛行経路と飛行中の機体の位置の差を確認できる機能も必要である。

例えば計画と現在位置との差が大きいことがわかると、飛行経路付近の障害物に接触するリスクが高まることから、飛行の中断を決断するといった対応が可能となる。さらに、飛行前方の障害物を検知するカメラ等は必須であり、その映像が確実に地上局に無線送信される必要がある。

Memo

POINT

◆飛行原理と飛行性能

無人航空機が飛行するためには、重力に対抗する上向きの力が必要となる。**飛行機では主翼に発生する揚力で対抗し**、また**回転翼航空機（ヘリコプター及びマルチローター）ではプロペラ及びローターの発生する推力**によって対抗する。

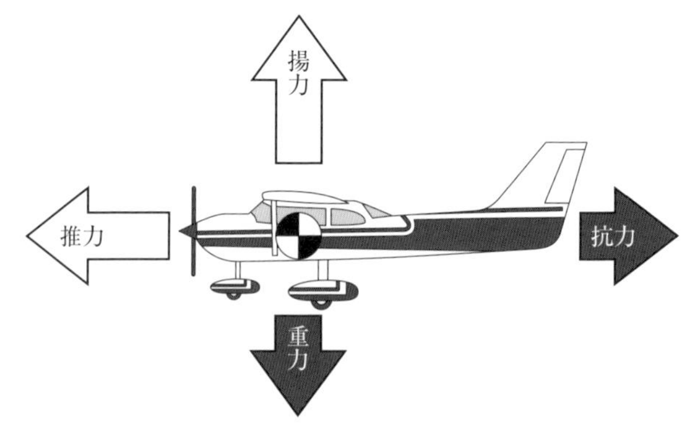

図2.3　飛行機に生じる各種の力

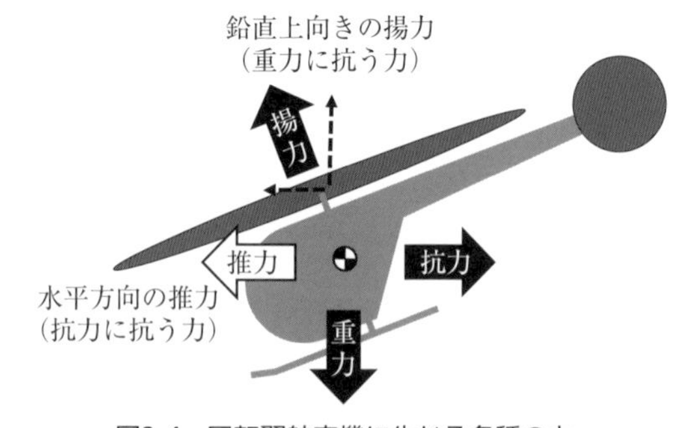

図2.4　回転翼航空機に生じる各種の力

飛行中の航空機に**流入する空気の機体に対する角度を迎角（むかえかく）と横滑り角という**。

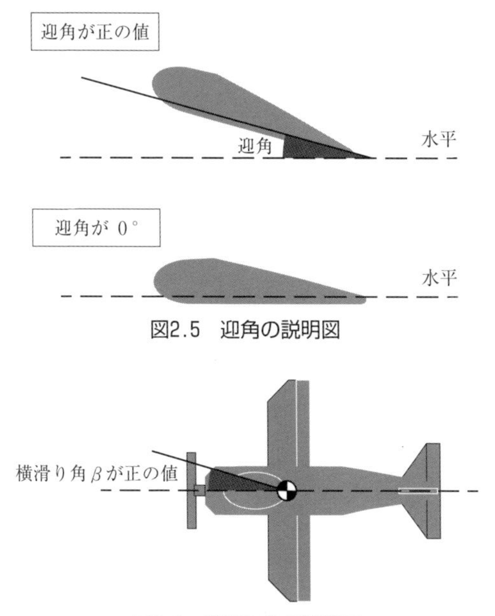

図2.5　迎角の説明図

図2.6　横滑り角の説明図

航空機の姿勢はピッチ、ロール、ヨーと呼ばれる角度で表現する。一般に、飛行機は**プロペラによる推力によって速さを制御**し、また、ピッチ、ロール、ヨーの姿勢を変化させることで飛行速度の向きを制御する。**ピッチを変化させるための舵が水平尾翼にあるエレベーター（昇降舵）、ロールを変化させるための舵が主翼にあるエルロン（補助翼）、ヨーを変化させる舵が垂直尾翼にあるラダー（方向舵）**である。

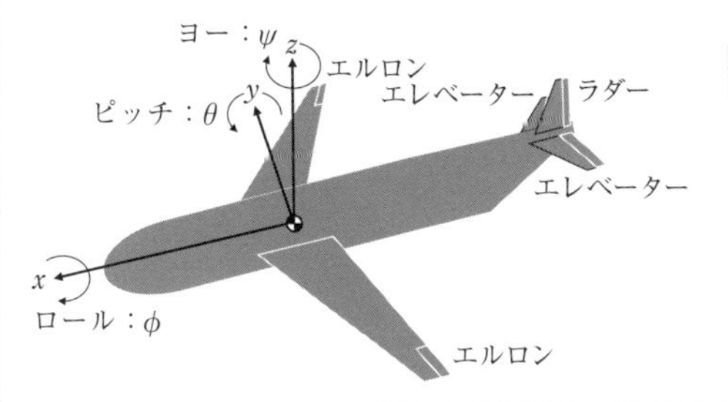

- 機体の機首を上げ下げする回転がピッチ：θ
- 機体を左右に傾ける回転がロール：ϕ
- 機体を上から見たときの機首の左右の回転がヨー：ψ

図2.7　航空機の姿勢変化の表現

問題117

飛行機における揚力、重力、推力、抗力の説明として、正しいものを一つ選びなさい。

1）プロペラ等が発生する揚力に対抗する力は、抗力である

2）主翼によって発生する推力は、重力に対抗している

3）揚力と重力、そして推力と抗力が一定の差で釣り合っている状況を定常飛行という

答え　3）

解説

プロペラ等が発生する推進力に対抗する力は**抗力**であり、主翼によって発生する揚力に対抗する力は**重力**である。

問題118

回転翼航空機における揚力、重力、推力、抗力の説明として、正しいものを一つ選びなさい。

1）ローター等が発生させる揚力のうち、垂直上向き方向の成分を推力といい、これに対抗する力は抗力である

2）ローター等が発生させる揚力のうち、水平前進方向の成分を揚力といい、これに対抗する力は重力である

3）揚力と重力、そして推力と抗力が一致して釣り合っている状況をホバリングという

答え　3）

解説

ローター等が発生させる揚力のうち、水平前進方向の力を**推力**といい、垂直上向き方向の力を**揚力**という。

問題119

迎角の定義・説明として、誤っているものを一つ選びなさい。

1）航空機を真横から見たときに、空気流入の向きと前後軸とのなす角度を迎

角という
2）上方から空気が流入するときに迎角は正の値となる
3）空気流入の向きと前後軸とのなす角度が0°のとき、迎角も0°となる

答え　2）

解説

航空機を真横から見たときに、下方から空気が流入する場合に、**迎角**は正の値と定義されている。上方から空気が流入する場合は、負の値と定義されている。

問題120

横滑り角の定義・説明として、誤っているものを一つ選びなさい。
1）航空機を真上から見たときに、空気流入の向きと前後軸とのなす角度を横滑り角という
2）機体前方左側から空気が流入するときに横滑り角は正の値となる
3）空気流入の向きと前後軸とのなす角度が0°のとき、横滑り角も0°となる

答え　2）

解説

航空機を真上から見たときに、機体の前方右から空気が流入する場合に、**横滑り角**は正の値と定義されている。前方左から空気が流入する場合は、負の値と定義されている。

問題121

迎角と横滑り角の説明として、誤っているものを一つ選びなさい。
1）航空機を真上から見たときに、空気流入の向きと前後軸とのなす角度を迎角という
2）航空機を真上から見たときに、空気流入の向きと前後軸とのなす角度を横滑り角という
3）機体に作用する揚力や抗力等の空気力・モーメントは、流入する空気の速さだけでなく、迎角や横滑り角で決まる

答え　1）

解説

迎角は、航空機を真横から見たときに、機体の前方からの流入の向きと、機体の前後軸が織りなす角度と定義する。

問題122

航空機の姿勢に関する表現について、誤っているものを一つ選びなさい。

1）ピッチ：重心を通る左右方向の軸（y 軸）を中心に、機首の上下方向の回転

2）ロール：重心を通る前後方向の軸（x 軸）を中心に、機体の左右方向の回転

3）ヨー：重心を通る上下方向の軸（z 軸）を中心に、機体の左右方向の回転

答え　3）

解説

ヨーとは、重心を通る上下方向の軸（z 軸）を中心に、**機首**の左右方向の回転のことをいう。

問題123

飛行機の姿勢制御について、正しいものを一つ選びなさい。

1）水平尾翼にあるエレベーター（昇降舵）を使ってピッチを変化させる

2）主翼にあるエルロン（補助翼）を使ってヨーを変化させる

3）垂直尾翼にあるラダー（方向舵）を使ってロールを変化させる

答え　1）

解説

主翼にあるエルロン（補助翼）を使って制御する姿勢は**ロール**である。

垂直尾翼にあるラダー（方向舵）を使って制御する姿勢は**ヨー**である。

水平尾翼にあるエレベーター（昇降舵）を使って制御する姿勢は**ピッチ**である。

問題124

飛行機の制御について、誤っているものを一つ選びなさい。

1）飛行機は、例えばプロペラによる抗力によって速さを制御する

2）ピッチ、ロール、ヨーの姿勢を変化させることで飛行速度の向きを制御する

3）ピッチ方向はエレベーター、ロール方向はエルロン、ヨー方向はラダーによって制御する

答え　1）

解説

飛行機の移動の速さは、例えばプロペラの発生する**推力**によって制御される。**抗力**とは、推力に対抗する後ろ向きの力のことである。

Memo

POINT

一方向に流れる空気の中に、翼のような流線形をした物体を置くと、物体には空気力が作用する。流れと垂直方向に作用する力を**揚力**、流れの方向に働く力を**抗力**と呼ぶ。

一般に迎角が増すと揚力、抗力ともに増加する。しかし、大きな迎角にすると、空気の流れは翼の表面から剥離し、揚力は減じ、同時に抗力が増大し、最終的には**失速**を招く。飛行中の飛行機が失速状態に陥ると、機体は急降下を始める。

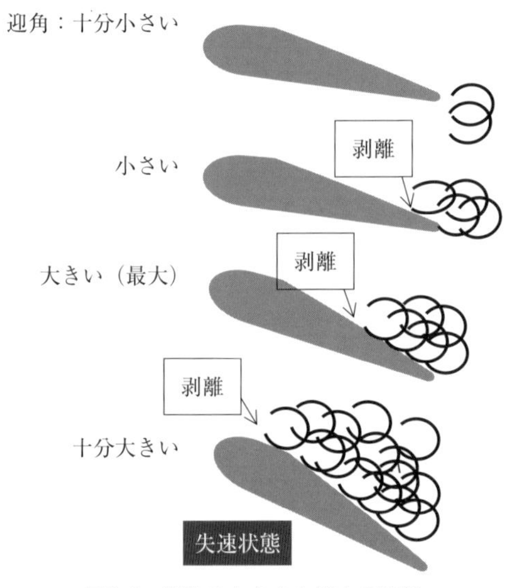

図2.8　仰角の大きさと揚力の関係

無人航空機には、ペイロードを搭載できない機体を除き、機体ごとに安全に飛行できるペイロードの最大積載量が定められている。ただし、ペイロードの最大積載量とペイロード搭載時の飛行性能は飛行高度、大気状態によって異なり、また、飛行機の場合は離着陸エリアの広さによっても異なる。加えて、機体重量や重心位置の変化は、飛行特性（安定性、飛行性能、運動性能）に大きな影響を及ぼすため、注意が必要である。

問題125

揚力等の発生に関する説明について、誤っているものを一つ選びなさい。

1）揚力とは、流れる空気の中に流線型の物体を置いたときに、その物体に作用する空気力の一つである

2）空気の流れと垂直方向に作用する空気力が、揚力である

3）空気の流れに逆らう方向に作用する空気力が、抗力である

答え　3）

解説

抗力とは、空気の流れに沿う方向の空気力のことをいう。一方で、空気の流れに逆らう力は**推力**という。

問題126

揚力と迎角に関する説明について、誤っているものを一つ選びなさい。

1）翼の前縁と後縁を結ぶ翼弦と、空気の流れのなす角を迎角という

2）空気が下方から流入するときに、迎角は正と定義される

3）迎角が増すと、揚力は増加するが、抗力は減少する

答え　3）

解説

迎角が増すと、揚力と抗力の両方が増加する。ただし、迎角が大きすぎると翼の表面から空気が剥離し、揚力は減少に転じ、一方で抗力が増大することで最終的には**失速**を招く。

問題127

飛行機の迎角と失速に関する説明について、誤っているものを一つ選びなさい。

1）迎角が増すと、揚力と抗力の両方が増加するが、さらに迎角を増加させると、揚力が減少するとともに抗力は増大する

2）あまりに大きな迎角になると、翼の表面から空気が剥離を始め、揚力が減少する

3）揚力を失うと飛行機は急降下を始める。この状態を失速状態という。失速

状態でも舵は利くことから落ち着て操縦すれば即時の墜落は免れることができる

答え　3）

解説

揚力を失うと航空機は急降下を始め、失速の状態におちいる。この**失速**の状態では舵は利かない。このため、墜落を免れることは可能性として非常に低い。

問題128

回転翼航空機（マルチローター）とプロペラに関する説明について、誤っているものを一つ選びなさい。

1）プロペラは、２枚以上のブレードと呼ばれる翼で構成され、この翼が回転することで揚力を発生する

2）プロペラの回転にはトルクが必要であり、プロペラを回転させる原動機には反トルクが作用する

3）回転翼航空機（マルチローター）は、一般的には奇数個のプロペラをもち、隣り合うプロペラを異なる向きに回転させることでプロペラからの反トルクを相殺している

答え　3）

解説

回転翼航空機（マルチローター）は、ローターの数がそれぞれ、**四つ**のマルチローターを**クワッドコプター**、**六つ**のマルチローターを**ヘキサコプター**、同じく**八つ**のマルチローターを**オクトコプター**と呼び、偶数個のプロペラをもつ。

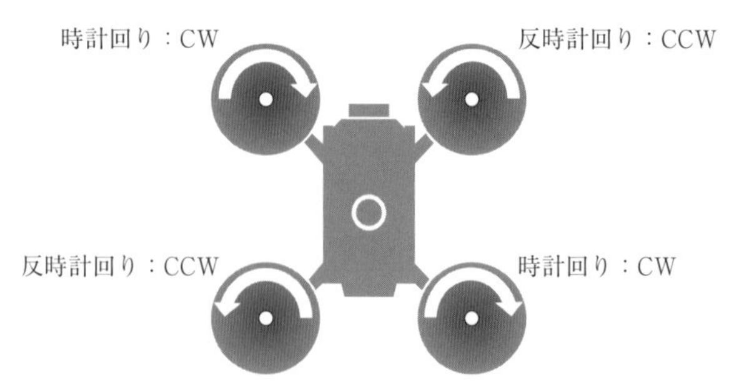

図2.9　マルチローターのプロペラの回転方向

問題129

回転翼航空機（マルチローター）と回転翼航空機（ヘリコプター）の揚力発生の特徴に関する説明について、誤っているものを一つ選びなさい。

1）回転翼航空機（マルチローター）は、偶数個のプロペラを半数ずつ異なる向きに回転させることで、プロペラの反トルクを相殺する

2）回転翼航空機（ヘリコプター）は、メインローターの反トルクをテールローターのトルクで相殺する

3）回転翼航空機（マルチローター）は、各プロペラの回転数を変化させることで、推力とトルクを変化させてピッチ、ロール、ヨーの運動を行う

答え　2）

解説

回転翼航空機（ヘリコプター）のメインローターの反トルクは、テールローターのトルクではなく、テールローターの推力により相殺する。

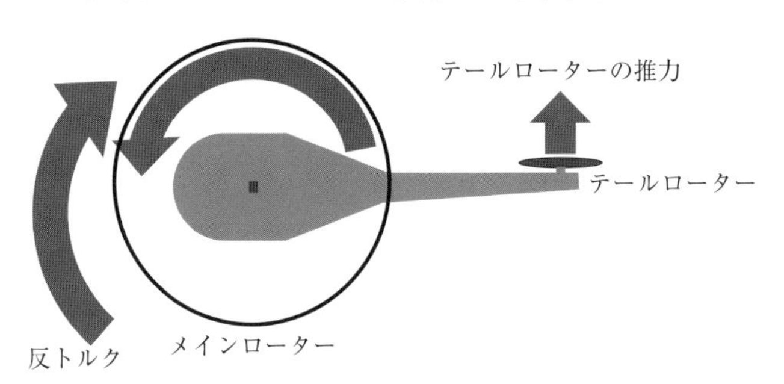

図2.10　ヘリコプターのテールローターの役割

問題130

回転翼航空機（ヘリコプター）の移動と揚力発生の説明について、誤っているものを一つ選びなさい。

1）メインローターの反トルクを、テールローターの推力で相殺する

2）メインローターが１回転する間にブレードのピッチ角とローター面の傾きを周期的に変化させる複雑な機構をもち、これによって機体の推力の制御とピッチ、ロールの姿勢制御を同時に行う

3）テールローターの推力を変化させることでメインローターの推力に対抗し、ヨーの姿勢制御を行う

答え　3）

解説

回転翼航空機（マルチローター）のテールローターの推力は、メインローターの反トルクに対抗（相殺）する役割がある（選択肢1）のとおり）。

よって、テールローターの推力を弱めると、当然、メインローターの反トルクが勝り、メインローターのトルクの方向に回転する。逆に、テールローターの推力を強めると、メインローターの反トルクが劣り、メインローターの反トルクの方向に回転する。これが、ヨーの姿勢制御の原理である。選択肢2）はスワッシュプレートの説明になる。

問題131

無人航空機のペイロード搭載に関する注意事項について、誤っているものを一つ選びなさい。

1）ペイロードの最大積載量とペイロード搭載時の飛行性能は、飛行高度に依存するが、大気状態には依存しない

2）飛行機の場合は、離着陸エリアの広さによっても異なる

3）機体の重心位置の変化は、飛行特性に大きな影響を及ぼすことから、ペイロードの有無によって機体の重心位置が著しく変化しないようにしなければならない

答え　1）

解説

ペイロードの最大積載量とペイロード搭載時の飛行性能は、揚力によって変化するが、この揚力は空気密度と飛行速度に比例する。

ここで空気密度を考えると、空気密度は飛行高度と大気の状態に影響を受けることから、選択肢1）が誤りとなる。

POINT

カテゴリーⅢ飛行を行うに当たっては、無人航空機の飛行性能に関わる基本的な計算を理解しておく必要がある。

①飛行機の揚力・回転翼航空機の推力

飛行機の水平定常飛行においては、**機体重量** W、**揚力** L、**空気密度** ρ、**飛行速度** V の間に以下の関係がある。

$$W = L \propto \rho V^2$$

プロペラ等の回転翼の**推力** T は、空気密度 ρ、回転角速度 ω の間に以下の関係がある。

$$T \propto \rho \omega^2$$

回転翼航空機（ヘリコプター）及び回転翼航空機（マルチローター）のホバリング時には、機体重量 W と推力 T の間に以下の関係がある。

$$W = T$$

また、回転翼の**消費パワー（仕事率）** P は、空気密度 ρ、回転角速度 ω、推力 T の間に以下の関係がある。

$$P \propto \rho \omega^3 \propto T\omega$$

②飛行機の旋回半径

飛行機がバンク角（ロール角）ϕ の定常旋回飛行を行うためには、力のつり合いから、水平定常飛行と比べて $1/\cos\phi$ 倍の揚力が必要であり、**飛行速度** V、**旋回半径** r、**重力加速度** g の間に以下の関係がある。

$$\frac{V^2}{r} = g\tan\phi$$

③飛行機の滑空距離

飛行機の滑空時に飛行経路が水平面となす角を**滑空角**（降下角）と呼ぶ。無推力の定常滑空飛行状態での滑空角 γ は、揚力 L、抗力 D によって以下のように求められる。

$$\tan\gamma=\frac{1}{\frac{L}{D}}$$

④水平到達距離（水平投射の場合）

高度 h を飛行する飛行速度 v の無人航空機が、揚力を失い落下を始める場合を考える。無人航空機を質点とみなせるものとし、空気抵抗は無視できると仮定すると、落下開始地点から地上に墜落するまでの水平距離 x は、以下のように求められる。ただし、g は重力加速度である。

$$x=v\sqrt{\frac{2h}{g}}$$

一等　問題132

高度500 m、飛行速度10 m/s で定常水平飛行をしている機体重量 5 kg の飛行機が、高度250 m において同じ消費パワー（仕事率）で定常飛行すると、そのときの飛行速度〔m/s〕について、次のうち最も適切なものを一つ選びなさい。ただし、空気密度は高度500 m では1.1673 kg/m^3、250 m では1.1959 kg/m^{3}とする。

1）9.78

2）9.88

3）9.98

答え　2）

解説

暗記　飛行機の水平定常飛行においては、機体重量 W、揚力 L、空気密度 ρ、飛行速度 v の間に以下の関係がある。

$$W=L\propto\rho v^2$$

機体重量を W、高度500 m のときの空気密度を ρ_{500}、高度250 m のときの空気密度を ρ_{250}、高度500 m のときの飛行速度を v_{500}、高度250 m のときの飛行速度を v_{250} とすると

$$W=\rho_{500}\times{v_{500}}^2=\rho_{250}\times{v_{250}}^2$$

式を変形すると

$$v_{250}{}^2 = \frac{\rho_{500}}{\rho_{250}} \times v_{500}{}^2$$

したがって

$$v_{250} = \sqrt{\frac{\rho_{500}}{\rho_{250}}} \times v_{500}$$

$$= \sqrt{\frac{1.1673}{1.1959}} \times 10 = \sqrt{0.976} \times 10 = 0.988 \times 10 = 9.88 \text{ m/s}$$

一等　問題133

高度500 m、回転角速度100 π〔rad/s〕でホバリングをしている機体重量７kgの回転翼航空機が、同じ高度500 m において、重量３kg のカメラを搭載してホバリングしているとすると、何倍の回転角速度となるか。次のうち最も適切なものを一つ選びなさい。ただし、空気密度は高度500 m では1.1673 kg/m³とする。

1）1.01
2）1.19
3）1.34

答え　2）

解説

暗記　回転翼航空機のプロペラ、ローターの推力 T は、空気密度 ρ と回転角速度 ω との間に以下の関係がある。

$$T \propto \rho\omega^2$$

ホバリング時においては、機体重量 W と推力 T の間に以下の関係がある。

$$W = T$$

さらに、回転翼航空機の消費パワー（仕事率）P は、空気密度 ρ、角加速度 ω、推力 T の間に以下の関係がある。

$$P = \rho\omega^3 \propto T\omega$$

高度500 m の空気密度を ρ_{500}、機体重量７kg のときの推力を T_7、回転角速度を ω_7、機体重量を W_7 とすると

$$T_7 = W_7 \propto \rho_{500} \times \omega_7{}^2 \quad \cdots ①$$

カメラ搭載時の推力を T_{10}、回転角速度を ω_{10}、機体重量を W_{10} とすると

$$T_{10} = W_{10} \propto \rho_{500} \times \omega_{10}{}^2 \quad \cdots ②$$

同一機体、同一高度で①式と②式が成り立つことから、この二つの式をあわせて変形すると

$$\omega_{10}{}^2 = \frac{W_{10}}{W_7} \times \omega_7{}^2$$

したがって

$$\omega_{10} = \sqrt{\frac{W_{10}}{W_7}} \times \omega_7$$

$$= \sqrt{\frac{10}{7}} \times \omega_7 = \sqrt{1.429} \times \omega_7 = 1.195 \times \omega_7$$

カメラを搭載したときの回転角速度は、機体重量 7 kg のとき回転角速度の1.19倍の回転角速度を必要とする。

一等　問題134

機体重量 8 kg の飛行機が、飛行速度10 m/s、バンク角30°で定常旋回したときの旋回半径として、次のうち最も適切なものを一つ選びなさい。

ただし、重力加速度は9.8 m/s²、sin30° = 0.500、cos30° = 0.866、tan30° = 0.577とする。電卓が使用可能である。

1）15

2）18

3）21

答え　2）

解説

暗記　飛行機のバンク角 ϕ、飛行速度 v、重力加速度 g としたとき、定常旋回飛行時の旋回半径 r との間に以下の関係がある。

$$r = \frac{v^2}{g \times \tan 30°}$$

旋回半径 r は

$$r=\frac{v^2}{g\times\tan 30°}=\frac{10^2}{9.8\times 0.577}=17.685$$

したがって、旋回半径は、17.7 m である。

一等 問題135

飛行機が、飛行速度20 m/s、バンク角30°で定常旋回したときの旋回半径として、次のうち最も適切なものを一つ選びなさい。ただし、重力加速度は9.8 m/s^2、sin30°＝0.500、cos30°＝0.866、tan 30°＝0.577とする。電卓が使用可能である。

1）71

2）101

3）142

答え　1）

解説

旋回半径 r は

$$r=\frac{v^2}{g\times\tan 30°}=\frac{20^2}{9.8\times 0.577}=70.739$$

したがって、旋回半径は、70.7 m である。

一等 問題136

機体重量10 kg の飛行機が、飛行速度10 m/s、バンク角30°で定常旋回したときの揚力が、水平飛行時の揚力の何倍となるか、次のうち最も適切なものを一つ選びなさい。

ただし、重力加速度は9.8 m/s^2、sin30°＝0.500、cos30°＝0.866、tan30°＝0.577とする。電卓が使用可能である。

1）1.05倍

2）1.15倍

3）1.25倍

答え　2）

解説

> **暗記**　飛行機がバンク角（ロール角）ϕ の定常旋回飛行を行うためには、力のつり合いから、水平定常飛行と比べて $1/\cos\phi$ 倍の揚力が必要である。

定常旋回飛行時の揚力を L' とし、水平定常飛行時の揚力を L とすると

$$L' = \frac{1}{\cos 30^\circ} \times L = \frac{1}{0.866} \times L = 1.155 \times L$$

したがって、1.15倍の揚力を必要とする。

一等　問題137

機体重量25 kg の飛行機が25 m/s で飛行しているが、揚抗比15の無推力の定常滑空飛行状態において、高度500 m からの滑空距離として、次のうち最も適切なものを一つ選びなさい。電卓が使用可能である。

1）33.333m
2）515m
3）7,500m

答え　3）

解説

> **暗記**　高度 h〔m〕、揚抗比 $\frac{L}{D}$、飛行機の滑空時に飛行経路が水平面となす角を滑空角（降下角）と呼び、無推力の定常滑空飛行状態での滑空角 r とすると、滑空距離 d〔m〕は
>
> $$d = \frac{h}{\tan\gamma} = h \times \frac{L}{D}\ （揚抗比）$$
>
> ただし、空気抵抗は無視できるものとする。
>
> ※滑空距離の算出に、機体重量や速度等は関係しない。高度と揚抗比のみの関係であることに注意する！

滑空距離 d〔m〕は

$$d=h\times\frac{L}{D}\text{（揚抗比）}=500\times15=7{,}500\ \mathrm{m}$$

したがって、滑空距離は 7,500 m となる。

一等 問題138

機体重量 3 kg の飛行機が、揚抗比30の無推力の定常滑空飛行状態において、高度100 m からの滑空距離として、次のうち最も適切なものを一つ選びなさい。電卓が使用可能である。

1）1,000m
2）3,000m
3）9,000m

答え　2）

解説

滑空距離 d〔m〕は

$$d=h\times\frac{L}{D}\text{（揚抗比）}=100\times30=3{,}000\ \mathrm{m}$$

したがって、滑空距離は3,000 m となる。

一等 問題139

高度300 m を 5 m/s で飛行している無人航空機に異常が発生した。異常が発生した地点から地上に落下するまでの水平移動距離として、次のうち最も適切なものを一つ選びなさい。ただし、重力加速度は9.8 m/s^{2}とし、空気抵抗は無視できるものとする。電卓が使用可能である。

1）35 m
2）40 m
3）45 m

答え　2）

解説

暗記　高度 h〔m〕、飛行速度 v〔m/s〕、重力加速度 g〔m/s^2〕とすると無人航空機が落下開始地点から地上に墜落するまでの水平到達距離 x〔m〕とすると

$$x=v\sqrt{\frac{2h}{g}}$$

ただし、空気抵抗は無視できるものとする。

水平到達距離 x は

$$x=v\sqrt{\frac{2h}{g}}$$

$$=5\times\sqrt{\frac{2\times300}{9.8}}=5\times\sqrt{61.224}=5\times7.825=39.125$$

よって、水平到達距離は39.125mである。

一等　問題140

高度80 m を 2 m/s で飛行している無人航空機に異常が発生した。異常が発生した地点から地上に落下するまでの水平移動距離として、次のうち最も適切なものを一つ選びなさい。

ただし、重力加速度は9.8 m/s^{2}とし、空気抵抗は無視できるものとする。電卓が使用可能である。

1）6 m

2）8 m

3）10 m

答え　2）

解説

水平到達距離 x は

$$x=v\sqrt{\frac{2h}{g}}$$

$$=2\times\sqrt{\frac{2\times80}{9.8}}=2\times\sqrt{16.327}=2\times4.041=8.082$$

よって、水平到達距離は8.08 mである。

一等 問題141

一般向けに公開する無人航空機の飛行デモイベントを開催するに当たり、予定する飛行経路の外側に万が一の場合を想定した干渉域を設ける必要がある。飛行デモは、最大高度100 m、最大飛行速度 5 m/s で飛行させる。外側の干渉域の最低距離として、次のうち最も適切なものを一つ選びなさい。ただし、重力加速度は9.8 m/s^{2}とし、空気抵抗は無視できるものとする。電卓が使用可能である。

1）19 m
2）21 m
3）23 m

答え　3）

解説

干渉域の最低距離 x は

$$x=v\sqrt{\frac{2h}{g}}$$

$$=5\times\sqrt{\frac{2\times100}{9.8}}=5\times\sqrt{20.408}=5\times4.518=22.59$$

よって、干渉域の最低距離は23 m である。

POINT

◆機体の構成

フライトコントロールシステム

フライトコントロールシステムは、機体に搭載されているGNSS、ジャイロ、加速度、地磁気、高度等の各種センサからの情報や、また、送信機から発信された情報をあわせて処理し、機体を制御するための信号を演算し、機体に送るシステムである。

無人航空機の主たる構成要素

電動の無人航空機における主たる推進系構成要素として、電池（バッテリー）、モーター、ローター及びプロペラとモーター制御にESCがある。

電池に関係する用語、単位、求め方及びその概要については、重要であり、整理して覚えておく必要がある。

送信機

送信機は、無人航空機へ操縦信号を、電波を使用して送っている。

無人航空機は、送信機のスティックを操作して、機体の重心を中心とする3軸の回転（ピッチ（機首を上下する回転）、ロール（機体を左右に傾ける回転）、ヨー（機首の左右への旋回））やローターの推力の増減といった機体の動きの制御を行うが、このときのスティック操作による機体の動きの割当ては、モード1、モード2と割当てが異なる。正確に覚えておく必要がある。

一等

電波を使用していることから、例えば同じ周波数帯が密集しているような場所では複数の電波が干渉して混信による誤作動が起きる可能性がある。また、周波数帯が異なっていても、相手の周波数がより大きな出力で電波を発射していたり（電波抑圧）、高圧線等、そばで強力な磁力線が発生していれば、やはり干渉（磁力線干渉）を受けたりと、電波が正常に届かない現象が考えられる。飛行の際には、電波の特性を踏まえた周辺環境の事前確認が重要である。

機体の動力源

無人航空機の機体の動力源として主に、電動かエンジンが使用されている。電動機のメリットは、振動、騒音が少ないため軽量化できるが、飛行時間が短いというデメリットがある。エンジン機のメリットは、飛行時間が長く長距離飛行が可能であるが、エンジンによる騒音が電動に比べ大きいというデメリットある。

また、電動機の場合、ほとんどがリチウムポリマーバッテリーを利用するが、取扱い上の注意点が多くあり、一つひとつ正確に理解しておく必要がある。

物件投下のために装備される機器

無人航空機で物件投下する機器は、正しい操作手順や搭載方法等、注意しなければならない事項があるが、無人航空機の飛行速度や風といった外部要因等にも気を配る必要がある点にも注意が必要である。

一等

機体又はバッテリーの故障及び事故の分析

機体は緻密な電子部品や高度なソフトウェアで構成されている以上、故障や異常事態は避けられず、また、人間が運用するものである以上、事故も十分に想定される。こういった理由から、故障や事故の発生分析やトラブルシューティングは必須である。特にリチウムポリマーバッテリーの特性や一般的なトラブルシューティングは熟知しておく必要がある。

問題142

フライトコントロールシステムと連携されている代表的なセンサとその機能の説明として、正しいものを一つ選びなさい。

1）GNSS（Global Navigation Satellite System）：人工衛星の電波を受信し、機体の地球上での位置・高度を取得するセンサ
2）ジャイロセンサ：加速度を測定するセンサ
3）加速度センサ：回転角速度を測定するセンサ

答え　1）

解説

ジャイロセンサは、鉛直方向と水平２方向の合計３方向（３軸）における回転角度の変化量（角速度）の測定を役割とするセンサである。機体の傾きの変化量を検出して、フライトコントローラーに送る。

加速度センサは、鉛直方向と水平２方向の合計３方向（３軸）における直線方向の変化量（加速度）の測定を役割とするセンサである。機体の速度の変化量を検出して、フライトコントローラーに送る。

問題143

IMU（Inertial Measurement Unit）の説明として、誤っているものを一つ選びなさい。

1）ジャイロセンサを搭載し、３軸における回転角速度を測定する
2）加速度センサを搭載し、３軸における直線方向の速度の変化量を測定する
3）ジャイロセンサと加速度センサから得られた測定値をもとに、姿勢制御のための演算を行う

答え　3）

解説

IMUは、あくまでもジャイロセンサと加速度センサを組み合わせたセンサであり、無人航空機の姿勢を推定するための情報を出力するセンサである。姿勢制御のための演算等のロジック部は、フライトコントローラー内部にあるメインコントローラーが担う。

問題144

フライトコントロールシステムと連携されている代表的なセンサ等電子部品・機器とその機能の説明として、誤っているものを一つ選びなさい。

1）高度センサ：レーザーや気圧センサ等を用いて、機体の地上からの高度情報を取得するセンサである

2）地磁気センサ：地球の3軸磁気方位を検出して、無人航空機の方位を測定するセンサ

3）レシーバ：各種センサから得られるデータを受け取って、機体制御のための演算を行う電子機器

答え　3）

解説

レシーバとは、地上の操縦者がもつ送信機から発せられる操縦信号を受信する電子機器である。一方で、機体制御のための演算は、**メインコントローラー**と呼ばれる電子機器で行われている。

問題145

高度センサの方式として代表的には三つの方式がある。この方式の説明として、誤っているものを一つ選びなさい。

1）大気圧の変化を歪みゲージを利用して計測する気圧センサ。非常に安価であるが、精度は3方式の中では一番劣る

2）鉛直下向きに音波を発し、反射して戻ってきた時間をもとに高度を計測する超音波センサ

3）レーザー光を鉛直下向きに照射し、反射したレーザー光の強度（光の強さ）を測定することで高度を計測するLiDAR（Light Detection and Ranging）。一番高価ではあるが、高い精度が期待できる

答え　3）

解説

LiDARは、レーザー光を鉛直下向きに照射し、レーザー光が反射して戻ってくるまでの時間から高度を計測するセンサである。

問題146

無人航空機で使われる電気・電子用語の説明として、誤っているものを一つ選びなさい。

1）出力（単位：W）：単位時間当たりの消費電力（消費エネルギー）量を表す。出力が一定の場合、電池残量が少なくなると、放電時電圧が低下するため、電流も減少する
2）容量（単位：Ah）：満充電から、電圧が決められた最低電圧になるまでの間に、利用できる電気量
3）エネルギー容量（単位：Wh）：電流や温度によってエネルギー容量は変化する

答え　1）

解説

出力〔W〕は、放電時電圧〔V〕×電流〔A〕で求まる。
出力が一定の場合という前提の下では、電池残量が少なくなると放電時電圧が低下することから、電流は逆に増大する。そうでなければ、出力が一定という前提が成り立たない。

問題147

モーターとモーター制御、ローター、プロペラに関する説明として、誤っているものを一つ選びなさい。
1）電動無人航空機においてローターを駆動するモーターには、ブラシモーターが使われることが多く、その特徴は、メンテナンスが容易（モーター内部の清掃、ブラシの交換が不要等）、静音、長寿命であることが挙げられる
2）ローターは通常回転方向（時計回転（CW：クロックワイズ）／反時計回転（CCW：カウンタークロックワイズ））に合わせた形状となっており、モーターの回転方向に合わせて取り付けるよう注意が必要である
3）モーターの回転数はESC（Electric Speed Controller）により制御されている。バッテリーとモーターの間に配置され、バッテリーに蓄えられたエネルギーをフライトコントローラーの指示どおりに緻密で断続的にモーターに送ることでモーター（ローター）の回転数を増減させ、揚力や推力を変化させている

答え　1）

解説

電動無人航空機においてローターを駆動するモーターには、**ブラシレスモーター**が利用されることが非常に多く、選択肢1）の説明内容もブラシレスモーターのものとなっている。

問題148

送信機に関する注意事項等の説明として、誤っているものを一つ選びなさい。

1）無人航空機への指令は送信機から機体へ送られる。機体では、受信機（レシーバー）が指令を受け取り、メインコントローラーからモーター又はサーボを駆動させることで機体を操縦している

2）送信機の信号は、同じ周波数帯が密集しているような場所では複数の電波が干渉し、時に電波を強め合う状況も起き得ることから、結果として長距離まで安定的に電波が到達する可能性がある

3）無人航空機で使用される送信機からの電波だけでなく、無線 LAN や Wi-Fi、高圧送電線や携帯基地局等電波塔の影響を受ける場合も考えられるため、電波の特性を理解した上で周辺環境の確認が必要である

答え　2）

解説

同じ周波数帯が密集しているような場所では複数の電波が干渉し、**混信**という現象が起きる。この場合、自分の信号ではなく、他の信号を受信することから誤作動を引き起こす可能性がある。

ちなみに、電波干渉によって電波が強めあったり、逆に弱めあったりする現象はあり、これは自分の信号が直接波として受信機に届く場合と同時に、近くの建物構造物等に当たって反射した信号（反射波又は間接波）が干渉により合成波になる現象のことをいっている。この現象はマルチパスフェージングと呼ばれていて、これも無人航空機の安全な飛行を担保する上では非常に重要な現象であることから正しい理解が必要である。

問題149

回転翼航空機のスティックの割当て（モード１）に関する説明として、誤っているものを一つ選びなさい。

1）スロットル：ローターの推力（揚力）の増減（機体の上昇・下降）
⇒　右側スティックの上下操作

2）エレベーター：ピッチ方向の操作（機体の前後移動）
⇒　左側スティックの上下操作

3）ラダー：ヨー方向の操作（機体の左右移動）
⇒　右側スティックの左右操作

答え　3）

解説

回転翼航空機のモード１におけるスティックの割当ては、以下のとおり。

1）スロットル：ローターの推力（揚力）の増減（機体の上昇・下降）
⇒　右側スティックの上下操作

2）エレベーター：ピッチ方向の操作（機体の前後移動）
⇒　左側スティックの上下操作

3）エルロン：ロール方向の操作（機体の左右移動）
⇒　右側スティックの左右操作

4）ラダー：ヨー方向の操作（機首の左右旋回）
⇒　左側スティックの左右操作

問題150

回転翼航空機のスティックの割当て（モード２）に関する説明として、誤っているものを一つ選びなさい。

1）スロットル：ローターの推力（揚力）の増減（機体の上昇・下降）
⇒　左側スティックの上下操作

2）エレベーター：ピッチ方向の操作（機体の前後移動）
⇒　右側スティックの上下操作

3）ラダー：ヨー方向の操作（機体の左右移動）
⇒　右側スティックの左右操作

答え　3）

解説

回転翼航空機のモード２におけるスティックの割当ては、以下のとおり。
1）スロットル：ローターの推力（揚力）の増減（機体の上昇・下降）
⇒　左側スティックの上下操作
2）エレベーター：ピッチ方向の操作（機体の前後移動）
⇒　右側スティックの上下操作
3）エルロン：ロール方向の操作（機体の左右移動）
⇒　右側スティックの左右操作
4）ラダー：ヨー方向の操作（機首の左右旋回）
⇒　左側スティックの左右操作
※回転翼航空機のモード１とモード２では、スロットルとエレベーターの操作が左右のスティックの割当てが逆になっているが、エルロンとラダーは同様である。

問題151

飛行機のスティックの割当て（モード１）に関する説明として、誤っているものを一つ選びなさい。
1）スロットル：プロペラの推力（揚力）の増減（機体の上昇・下降）
⇒　右側スティックの上下操作
2）エレベーター：ピッチ方向の操作（機体の前後移動）
⇒　左側スティックの上下操作
3）ラダー：ヨー方向の操作（機体の左右移動）
⇒　右側スティックの左右操作

答え　3）

解説

飛行機のモード１におけるスティックの割当ては、以下のとおり。
1）スロットル：ローターの推力（揚力）の増減（機体の上昇・下降）
⇒　右側スティックの上下操作

2）エレベーター：ピッチ方向の操作（機体の前後移動）
⇒　左側スティックの上下操作
3）エルロン：ロール方向の操作（機体の左右移動）
⇒　右側スティックの左右操作
4）ラダー：ヨー方向の操作（機首の左右旋回）
⇒　左側スティックの左右操作

問題152

飛行機のスティックの割当て（モード2）に関する説明として、誤っているものを一つ選びなさい。

1）スロットル：ローターの推力（揚力）の増減（機体の上昇・下降）
⇒　左側スティックの上下操作
2）エレベーター：ピッチ方向の操作（機体の前後移動）
⇒　右側スティックの上下操作
3）ラダー：ヨー方向の操作（機体の左右移動）
⇒　右側スティックの左右操作

答え　3）

解説

飛行機のモード2におけるスティックの割当ては、以下のとおり。
1）スロットル：ローターの推力（揚力）の増減（機体の上昇・下降）
⇒　左側スティックの上下操作
2）エレベーター：ピッチ方向の操作（機体の前後移動）
⇒　右側スティックの上下操作
3）エルロン：ロール方向の操作（機体の左右移動）
⇒　右側スティックの左右操作
4）ラダー：ヨー方向の操作（機首の左右旋回）
⇒　左側スティックの左右操作
※飛行機のモード1とモード2では、スロットルとエレベーターの操作が左右のスティックの割当てが逆になっているが、エルロンとラダーは同様である。

問題153

リチウムポリマーバッテリーの特徴に関する説明として、誤っているものを一つ選びなさい。

1）リチウムポリマーバッテリーはゲル状のポリマー電解質を採用したリチウムイオンバッテリーであり、多くの無人航空機に使用されている

2）リチウムポリマーバッテリーは、エネルギー密度が高い、電圧が高い、自己放電が少ない、メモリ効果が小さいという特徴がある

3）リチウムポリマーバッテリーは、ポリマー電解質が難燃物という特徴がある

答え　3）

解説

リチウムポリマーバッテリーのポリマー電解質は、難燃物ではなく**可燃物**という特徴がある。例えば、リチウムポリマーバッテリーが強い衝撃を受けると発火する可能性があり、可燃物であるポリマー電解質が燃料の役目を果たしてしまうリスクがある。十分な注意が必要である。

問題154

リチウムポリマーバッテリーの取り扱い上の注意点に関する説明として、誤っているものを一つ選びなさい。

1）満充電になると充電器は充電を自動停止するが、万が一の故障の際には引き続き充電がなされ、過充電となり、最終的には発煙発火、最悪の場合、爆発の恐れがあるため、満充電になり次第、速やかに充電器からバッテリーを取り外す

2）過充電を行うと、急速に劣化が進み、バッテリーの寿命が短くなる。一方で、過放電はバッテリーのメモリ効果（充電容量が次第に減少する効果）をリセットする働きがあり、たまに過放電を行うとよい

3）過放電や過充電の状態では、通常利用時よりも多くのガスがバッテリー内部に発生し、バッテリーを膨らませる。膨らんだバッテリーは、機体に正しく装着できない、外れやすいといったリスクが高まることから、使用を停止する等の措置が必要である

答え　2）

解説

リチウムポリマーバッテリーは、過充電だけでなく、過放電を行うと、急速に劣化が進む特徴がある。

問題155

リチウムポリマーバッテリーの取り扱い上の注意点に関する説明として、誤っているものを一つ選びなさい。

1）バッテリーが強い衝撃を受けても構造的に耐えることができるという非常に高い耐衝撃性を備える

2）バッテリーのコネクタの端子が短絡した場合、発火する可能性がある

3）セル間のバランスが著しく崩れたまま充電を行ったり、使用したりすると、セル間の電圧差が生じ、セルによって過放電や過充電となる現象が起こり、急速に劣化が進む

答え　1）

解説

リチウムポリマーバッテリーは、強い衝撃を受けた場合、発煙・発火する可能性があるという特徴をもつ。

問題156

エンジン機の動力及び燃料に関する説明として、誤っているものを一つ選びなさい。

1）エンジンには2ストロークエンジン、4ストロークエンジン、グローエンジン等の種類がある

2）エンジンの種類により、潤滑方式、燃焼サイクル、点火温度等が異なる。燃料にも種類があり、それぞれのエンジンでメーカーが指定する燃料を適切に扱う必要がある

3）燃料にオイル等を混ぜた混合燃料を使用することは、可燃性が極めて高まることから、無人航空機での使用は禁止されている

答え　3）

解説

混合燃料の使用は、特別禁止されていない。メーカーの指定する混合比を、適切に守る必要がある。

問題157

無人航空機で物件投下する機器に関する説明として、誤っているものを一つ選びなさい。

1）物件投下装置は、意図せず物件が落下しない構造となっているが、投下装置の多くは、搭載位置や対象物や手順等が定められているため、各投下装置の特性と機能を熟知しなければならない

2）物件投下用のウインチ機構で物件を吊り下げる場合は、輸送中（飛行中）の物件が飛行経路下の建物構造物、樹木等に接触しないように注意が必要である。物件の揺れや、物件の投下前後の重心の変化については、フライトコントローラーの緻密な制御により、近年、あまり気にする必要がないほどまでに進化している

3）農薬散布する装置の多くは、それぞれ決められた飛行速度、飛行高度等が定められている。ただし、風等の影響で対象区域より飛散する可能性があるため、第三者や第三者の土地に農薬が誤って散布しないように配慮しなければならない

答え　2）

解説

輸送中（飛行中）の物件が飛行経路下の建物構造物、樹木等に接触しないように注意が必要となることは、運用上の注意点としては大切な観点になる。

物件の揺れや、物件の投下前後の重心の変化については、今後、フライトコントローラーの進化により、いずれは自動自律制御により、運用者が気にしなくてもよくなる観点かもしれないが、少なくとも現時点では運用上の注意事項として気を付ける必要がある。

一等　問題158

機体又はバッテリーの故障及び事故の分析に関する説明として、誤っているものを一つ選びなさい。

1）飛行軌跡や機体の情報（フライトデータ）が記録してあると、事故の原因分析を詳細に確認することが可能となり、機体や飛行の安全性を向上させる重要な要素になり得ることから、フライトデータを記録することが推奨される

2）冬季の飛行では飛行時間が半減することがある。これは、気温が低下すると放電能力が極端に低下するためである

3）リチウムポリマーバッテリーは高密度なエネルギーを大容量で出力できるが、バッテリー残量が減り、電圧が低下した場合でも出力を維持できる特徴があることから、無人航空機のバッテリーとして最適である

答え　3）

解説

リチウムポリマーバッテリーの残量が減り、電圧低下してくると、出力が急激に弱くなり、墜落の原因になり得るために注意が必要となる。バッテリーの容量をギリギリまで使う運用計画は立てるべきではなく、余裕をもった運用計画にする必要がある。

POINT

◆機体以外の要素技術

電波

電波の特性は**直進**、**反射**、**屈折**、**回折**、**干渉**、**減衰**にまとめられる。

なお、無人航空機の電波として一般的な2.4 GHz 帯の電波は、回折しにくく、直進性が高いため、障害物の影響を受けやすいといった周波数帯特有の特徴がある。

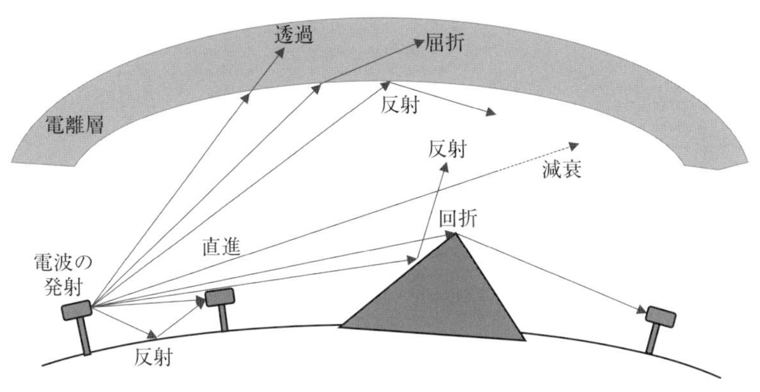

図2.11　電波の特性

ほかにも、**マルチパス**や**フレネルゾーン**といった重要なキーワードがある。

マルチパス　送信アンテナから放射された電波が山や建物等による反射、屈折等により複数の経路を通って伝搬される現象のこと。反射屈折した電波は、到達するまでにわずかな遅れを生じ、一時的に操縦不能になる要因の一つとなっている。

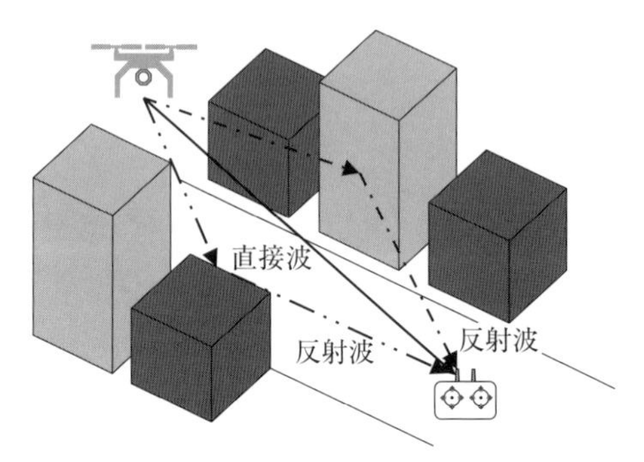

図2.12　マルチパス

フレネルゾーン　フレネルゾーンとは無線通信等で、電力損失をすることなく電波が到達するために必要とする楕円体の領域のことをいう。無線通信での「見通しが良い」という表現は、フレネルゾーンがしっかり確保されている状態であることを意味する。

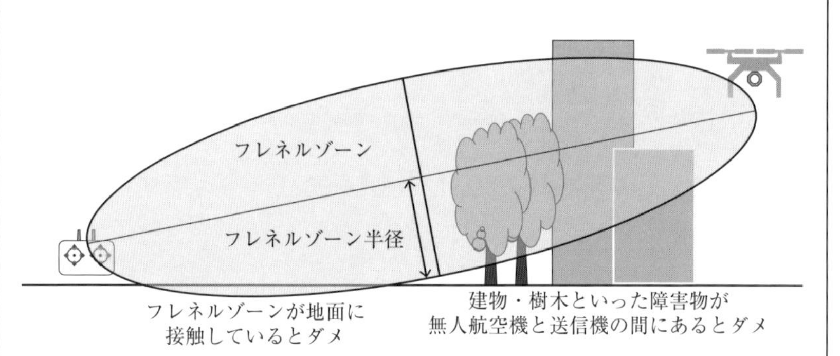

図2.13　フレネルゾーン

一等

無人航空機以外も含めた日本の電波の利用状況

電波の特性として、波長が長いほど直進性が弱く情報伝達容量が小さくなるが減衰はしにくい。逆に波長が短いほど直進性が強く情報伝達容量が大きくなるが減衰はしやすい。

無人航空機の制御用通信に多く使用される極超短波（例えば2.4

GHz や920 MHz）は10 cm～１m の波長（周波数300 MHz～３GHz）で、超短波（波長１m～10 m、周波数30 MHz～300 MHz、例えば無人航空機の利用例でいうと169 MHz）に比べて直進性が更に強くなるが、多少の山や建物の陰には回り込んで伝わることができる。伝送できる情報量が大きく、小型のアンテナと送受信設備で通信できることから、携帯電話や業務用無線、アマチュア無線、無人航空機等、多種多様な移動通信システムを中心に、地上デジタルＴＶ、空港監視レーダー、電子タグ、電子レンジ等、幅広く利用される。

マイクロ波は１～10 cm の波長（周波数３～30 GHz、例えば無人航空機の利用例でいうと５GHz）で、直進性が強い性質をもつため特定の方向に向けて発射するのに適している。伝送できる情報量が非常に大きいことから、衛星通信、衛星放送や無人航空機の画像伝送、無線 LAN に利用される。レーダーもマイクロ波の直進性を活用したシステムで、気象レーダーや船舶用レーダー等に利用される。

電波の送信、受信にかかわる基本的な技術

送信機には、一般的に無指向性のホイップアンテナが搭載されている。無指向性とはいえ、電波の発射・受信に強弱の部分がある。無人航空機のアンテナの正しい搭載位置と角度、そして送信機のアンテナの正しい向け方、角度を理解の上で利用することが重要である。

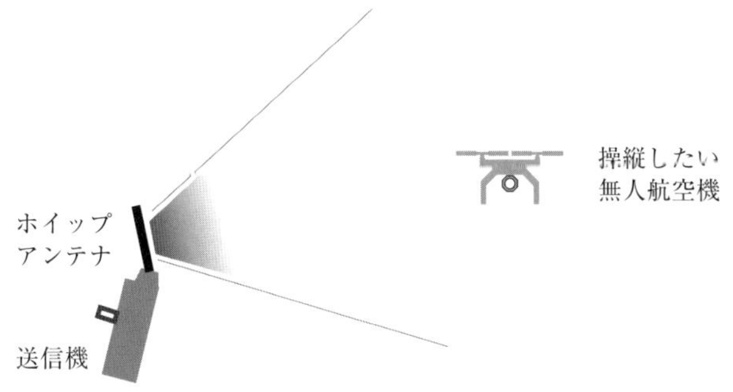

図2.14　送信機の電波発射と無人航空機の電波受信イメージ

一等

電波の特性に伴って発生する運航上のトラブルの調査・分析

外来電波や他の設備・機器からのノイズにより無線設備の通信環境が不安定になることがある。特にさまざまな無線局が散在する市街地での飛行には、事前のスペクトラムアナライザ等を用いた電波環境の調査は非常に重要である。

一等

電波と通信にかかわる基本的な計算

カテゴリーⅢ飛行を行うに当たっては、電波と通信にかかわる基本的な計算（周波数帯や送受信間距離を踏まえ必要となるアンテナの高さ等）について理解しておく必要が ある。

・フレネルゾーン半径と必要なアンテナの高さ

フレネルゾーンの半径 R〔m〕、送受信アンテナ間距離 D〔m〕、使用周波数 f〔Hz〕、波長 λ〔m〕とすると、これらの間には以下の関係がある。（ただし、光の速度を 3×10^8 m/s とする）

$$R=\sqrt{\lambda\times\left(\frac{D}{2}\right)^2\times\frac{1}{D}}=\sqrt{\lambda\times\frac{D}{4}}=\sqrt{\frac{3\times10^8}{f}\times\frac{D}{4}}$$

また、一般的には、フレネルゾーン半径の60％以上の高さのアンテナが確保できれば、フレネルゾーンに障害物がない場合と同程度の通信品質が確保できるといわれている。

問題159

電波の特性に関する説明として、誤っているものを一つ選びなさい。

1）電波は、二つの異なる媒質間を進行するとき、反射や屈折が起こる。反射の際、常に入射角と反射角の大きさが等しいという反射の法則が成り立つ

2）電波は、周波数が高い（波長が短い）ほど、より障害物を回り込むことができるようになる。この現象を回折という

3）電波は、二つ以上の波が重なると、強め合ったり、弱め合ったりする。この現象を干渉という

答え　2）

解説

電波は**回折**という現象により、周波数が低い（波長が長い）ほど、より障害物を回り込むことができるようになる。

問題160

電波の特性に関する説明として、誤っているものを一つ選びなさい。
1）電波は、進行方向に障害物がない場合は直進する
2）電波は、進行距離の2乗に比例する形で電力密度が増加する（進行距離が2倍になると電波の電力密度は4倍になる）。この現象を減衰という
3）周波数により特性は異なるものの、総じて、電波は水中では吸収されて大きく減衰される

答え　2）

解説

電波は**減衰**という現象により、進行距離の2乗に反比例する形で電力密度が減少する（進行距離が2倍になると電波の電力密度は1/4倍になる）。

問題161

マルチパスに関する説明として、誤っているものを一つ選びなさい。
1）電波は、送信アンテナから放射されると、受信機に直接届く電波と、山や建物等による反射、屈折等により複数の経路を通って伝搬する間接波がある
2）反射屈折した間接波は、直接波と比較すると受信機に到達するまで遅れ等を生じることなく、同時に到達できる
3）直接波と間接波の合成により、電波は強められたり、弱められたりする。電波が弱められると、電波の受信状況が一時的に悪くなり、無人航空機が操縦不能になることがある

答え　2）

解説

反射屈折した間接波は、直接波と比較すると受信機に到達するまでわずかながら遅れを伴う。これは、間接波の経路が、直接波より若干長いことに起因する。

この遅れが位相のズレを生じさせ、直接波と間接波の合成波となったときに、強め合ったり、弱めあったりすることになる（図2.15、選択肢３）のとおり）。

また、マルチパスによって無人航空機が操縦不能な状態になったときには、送信機を持つ者（操縦者）の立ち位置を少し変える、送信機を高くかかげる、送信機のアンテナの向きを変えるといった対応が有効である。

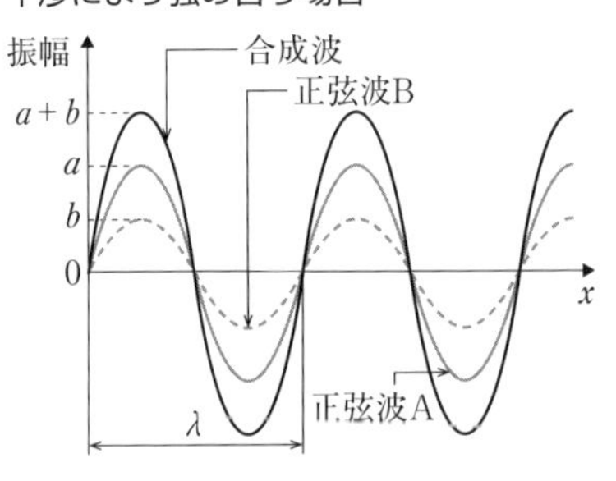

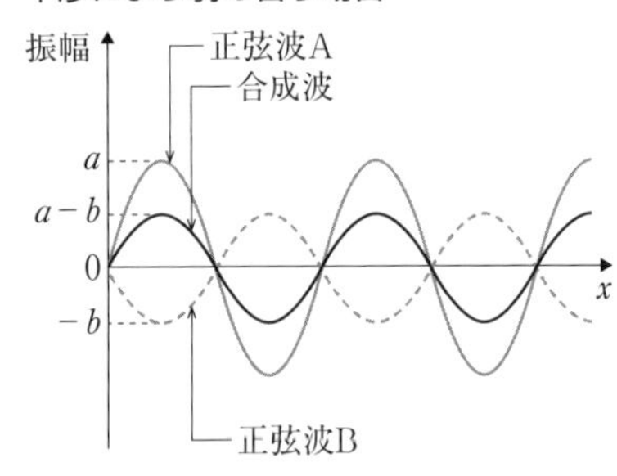

図2.15　電波の合成

問題162

フレネルゾーンに関する説明として、正しいものを一つ選びなさい。

1）フレネルゾーンとは、無線通信等で電力損失をすることなく電波が到達するために必要とする領域のことである

2）フレネルゾーンは、送信と受信のアンテナ間の最短距離を中心とした円柱の空間である

3）送信と受信のアンテナ間の最短経路間に壁や建物等の障害物があっても、フレネルゾーン内に壁や建物等がかかっている程度であれば、通信の強度は確保される

答え　1）

解説

フレネルゾーンは、送信と受信のアンテナ間の最短距離を中心とした楕円体の

空間である。また、送信と受信のアンテナ間の最短経路間はもちろん、フレネルゾーンと呼ばれる楕円体部分に壁や建物等の障害物があると、受信電界強度が確保されず通信エラーが起こり、障害物がない状態に比べて通信距離が短くなる。

問題163

フレネルゾーンに関する説明として、誤っているものを一つ選びなさい。

1）フレネルゾーンの半径は、周波数が高く（波長が短く）なればなるほど大きくなる

2）フレネルゾーンの半径は、送信機と受信機の距離が短くなればなるほど小さくなる

3）フレネルゾーン内に壁や建物等の障害物があると、受信電界強度が確保されず、電波障害を起こすが、この障害物には地面も含まれる

答え　1）

解説

フレネルゾーンの半径は、周波数が高く（波長が短く）なれば小さくなる。これはフレネルゾーン半径を求める式を見ると、周波数が分母にあることから理解できる。また、フレネルゾーン内の障害物には、建物等の構造物のほかに雑林、地面も含まれることにも注意が必要である。したがって、アンテナを高い位置に持ち上げることは理にかなっている。

一等　問題164

電波の特性と日本の電波の利用状況に関する説明として、誤っているものを一つ選びなさい。

1）波長が短いほど直進性が強く、情報伝達容量が大きくなる。減衰もしにくい

2）無人航空機の制御用通信に多く使用される2.4 GHz の極超短波は、12.5 cm の波長で、同じく制御用通信に使用される73 MHz の超短波に比べて直進性がさらに強くなるが、多少の山や建物の陰には回り込んで伝わることができる

3）2.4 GHz をはじめとする極超短波は、伝送できる情報量が大きく、小型のアンテナと送受信設備で通信できることから、携帯電話や業務用無線等、多

種多様な移動通信システムを中心に、地上デジタル TV、空港監視レーダー、電子タグ、電子レンジ等、幅広く利用されている

答え　1）

解説

電波の特性の記述に誤りがある。

電波は、波長が長いほど直進性が弱く、情報伝達容量が小さくなるが、減衰はしにくい。逆に、波長が短いほど直進性が強く、情報伝達容量が大きくなるが、減衰はしやすい。非常に重要な概念である。

一等　問題165

電波の特性と日本の電波の利用状況に関する説明として、誤っているものを一つ選びなさい。

1）無人航空機の運航において使用されている主な電波の周波数帯は、2.4 GHz 帯、5.7 GHz 帯、920 MHz 帯、73 MHz 帯、169 MHz 帯である

2）無人航空機の画像伝送用通信に多く使用される5.7 GHz のマイクロ波は、拡散性が強い性質をもつことから、無指向性で運用できることから使い勝手がいい

3）5.7 GHz をはじめとするマイクロ波は、伝送できる情報量が非常に大きいことから、衛星通信、衛星放送や無人航空機の画像伝送、無線 LAN に利用される。レーダーもマイクロ波の直進性を活用したシステムで、気象レーダーや船舶用レーダー等に利用される

答え　2）

解説

電波の特性の記述に誤りがある。

電波は、周波数が高い（波長が短い）ほど直進性が強く、情報伝達容量が大きくなるが、減衰はしやすい特性がある。直進性が強いことから、レーダーシステムに利用されている。

一等　問題166

無人航空機に使用される電波の用途及び無線局免許と無線従事者資格の組合せ

として、誤っているものを一つ選びなさい。

1）周波数920 MHz帯の用途は操縦系及び画像伝送系であり、無線局免許と無線従事者資格ともに不要である

2）周波数169 MHz帯の用途は画像伝送系であり、無線局免許と第三級陸上特殊無線技士以上の無線従事者資格ともに必要である

3）周波数5.7 GHz帯の用途は操縦系及び画像伝送系であり、無線局免許と第三級陸上特殊無線技士以上の資格がともに必要である

答え　1）

解説

周波数920 MHz帯の用途は操縦系であり、画像伝送系は含まれない。無線局免許と無線従事者資格についてはともに不要であり、選択肢のこの部分は正しい。なお、周波数169 MHz帯と周波数5.7 GHz帯に加えて2.4 GHz帯（2,483.5～2,494 MHz）は実際の運用に際し、事前の運用調整が必要であることも覚えておく必要がある。

問題167

アンテナの取扱方法の注意事項に関する説明として、誤っているものを一つ選びなさい。

1）送信機のアンテナから発射される電波の強さは、アンテナの部位によって強弱がある

2）電波はアンテナの先端部から発射される

3）無人航空機側のアンテナの位置、向きは、操縦者の位置を考慮した配置にしなければならない

答え　2）

解説

電波はアンテナの先端ではなく、アンテナ側面から発射される（図2.16）。このことを理解して、正しくアンテナを無人航空機に向けなければならない。また、無人航空機に設置してあるアンテナについても、可動式であれば、操縦者側を向くように調整する必要がある。

ホイップアンテナの側面から見た様子

ホイップアンテナの側面から電波が発射されていて、
水平方向に広がる一方で、上下方向には発射されない。

ホイップアンテナの真上から見た様子

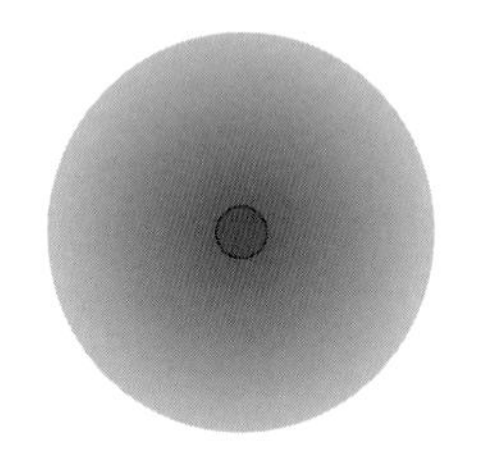

全方向にまんべんなく
発射されている。

図2.16　ホイップアンテナの電波発射・受信のイメージ

一等　問題168

使用周波数帯が2.4 GHz、送信機と無人航空機に搭載してある受信機との距離が900 m の場合のフレネルゾーン半径の値〔m〕として、次のうち最も適切なものを一つ選びなさい。ただし、光速は 3×10^8 m/s とし、$\sqrt{2}=1.41$、$\sqrt{3}=1.73$、$\sqrt{5}=2.24$、$\sqrt{7}=2.65$を用いる。電卓が使用可能である。

1）4.7
2）5.0
3）5.3

答え　3）

解説

周波数 2.4 GHz、光速は 3×10^8 m/s より、波長 λ は

$$\lambda=\frac{3\times10^8}{f}=\frac{3\times10^8}{2.4\times10^9}=\frac{3}{24}=0.125\ \mathrm{m}$$

よって、フレネルゾーン半径 R は

$$R=\sqrt{\frac{3\times10^8}{f}\times\frac{D}{4}}=\sqrt{\lambda\times\frac{D}{4}}$$

$$=\sqrt{0.125\times\frac{900}{4}}=\sqrt{\frac{5\times5^2}{10^3}\times\left(\frac{30}{2}\right)^2}$$

$$=\frac{5}{10}\times\frac{30}{2}\times\sqrt{\frac{5}{10}}=7.5\times\frac{1}{\sqrt{2}}=5.303$$

暗記　フレネルゾーン半径 R は、周波数 f、光速 3×10^8 m/s、波長 λ とすると

$$R=\sqrt{\frac{3\times10^8}{f}\times\frac{D}{4}}=\sqrt{\lambda\times\frac{D}{4}}$$

一等　問題169

フレネルゾーン半径の60%以上の高さのアンテナが確保できれば、フレネルゾーンに障害物がない場合と同程度の通信品質が確保できるといわれているが、使用周波数帯が5.7 GHz、送信機と無人航空機に搭載してある受信機との距離が900 m の場合のアンテナの高さ〔m〕として、次のうち最も適切なものを一つ選びなさい。ただし、光速は 3×10^8 m/s とし、$\sqrt{2}=1.41$、$\sqrt{3}=1.73$、$\sqrt{5}=2.24$、$\sqrt{7}=2.65$、$\sqrt{11}=3.32$、$\sqrt{13}=3.61$、$\sqrt{19}=4.359$を用いる。電卓が使用可能である。

1）1.8
2）2.1
3）2.4

答え　2）

解説

周波数 5.7 GHz、光速は 3×10^8 m/s より、フレネルゾーン半径 R は

$$R=\sqrt{\frac{3\times10^8}{f}\times\frac{D}{4}}=\sqrt{\frac{3\times10^8}{5.7\times10^9}\times\frac{900}{4}}=\sqrt{\frac{3}{57}\times\left(\frac{30}{2}\right)^2}$$

$$=\frac{15}{\sqrt{19}}=\frac{15}{4.359}=3.441$$

よって、求めたいアンテナの高さ h〔m〕は

$$h=3.441\times60\%=2.065\text{ m}$$

一等　問題170

フレネルゾーン半径の60％以上の高さのアンテナが確保できれば、フレネルゾーンに障害物がない場合と同程度の通信品質が確保できるといわれているが、使用周波数帯が2.4GHz、送信機と無人航空機に搭載してある受信機との距離が500 m の場合のアンテナの高さ〔m〕として、次のうち最も適切なものを一つ選びなさい。ただし、光速は 3 × 10^8 m/s とし、$\sqrt{2}$ ＝1.41、$\sqrt{3}$ ＝1.73、$\sqrt{5}$ ＝2.24、$\sqrt{7}$ ＝2.65を用いる。電卓が使用可能である。

1）1.8

2）2.1

3）2.4

答え　3）

解説

周波数 2.4 GHz、光速は 3 × 10^8 m/s より、フレネルゾーン半径 R は

$$R=\sqrt{\frac{3\times10^8}{f}\times\frac{D}{4}}=\sqrt{\frac{3\times10^8}{2.4\times10^9}\times\frac{500}{4}}=\sqrt{\frac{3}{24}\times125}=\sqrt{\left(\frac{5}{2}\right)^3}$$

$$=2.5\times\frac{\sqrt{5}}{\sqrt{2}}=2.5\times\frac{2.24}{1.41}=3.972$$

よって、求めたいアンテナの高さ h〔m〕は

$$h=3.972\times60\%=2.383\ \mathrm{m}$$

POINT

磁気方位

地磁気センサにより地球の磁気を検出することで、機体が向いている方位や機体の姿勢を知ることができる。なお、地磁気センサは正確な方位を計測しない場合がある。これは、磁力線が示す北（磁北）と地図上の北に偏角が生じるためである。

地磁気の検出には、鉄や電流が影響を与える。具体的には、鉄材を多く使用された建物、橋梁、鉄道等の場所や、高圧線や変電所、電波塔等の電気・無線設備周辺が挙げられる。

無人航空機に与える具体的な影響とは、機体の進行方向や姿勢が正確に検出できず、操縦者の意図した方向に飛ばない、機体の挙動が不安定になる等の現象が考えられる。

無人航空機の**磁気キャリブレーション**とは、飛行前にその飛行場所の地磁気を検出し、改めて地磁気による方位を取得、GNSS 機能やメインコントローラーに認識させることである。磁気キャリブレーションが正しく行われていないと、機体が操縦者の意図しない方向へ飛行する可能性がある。飛行させる場所により地磁気の方向は異なるので、磁気キャリブレーションは重要である。

問題171

地磁気及び地磁気センサに関する説明として、誤っているものを一つ選びなさい。

1）地磁気センサは地球の地磁気を検出する。この検出結果は、機体の向きと姿勢と比較され、結果として機体の向きと姿勢を知ることができるようになる

2）地磁気は鉄材や電流に影響を受ける。このことから、鉄材を多量に使用した建物構造物や橋梁、電気設備付近での飛行は注意が必要となる。ただし、鉄材がコンクリート等で覆われて、表面に出ていなければ、影響はない

3）飛行場所が変われば、地磁気も若干でも変化がある。このことから、磁気キャリブレーションという校正、偏りを正す調整作業が重要になる

答え　2）

解説

地磁気は鉄材や電流に影響を受けるが、鉄材についてはコンクリートやアスファルト等の中にあって、目視できなくとも影響を受ける場合がある。なお、磁気は、鉄材や高電流が流れる電気機器等に数十 cm 近づいた（あるいは遠ざかった）だけで、影響が出たり（消えたり）することがある。

問題172

地磁気センサに悪影響を及ぼす可能性のある環境として、誤っているものを一つ選びなさい。

1）変電所付近や太陽光発電所内のパワーコンディショナー等、大電流の流れる電気設備付近

2）鋼鉄製の橋梁や、差し筋・配筋等、鉄筋が多く埋め込まれたコンクリート構造物の上または付近

3）グラウンド等の土の上やアスファルトの上

答え　3）

解説

地磁気センサは、鉄材に影響を受ける。土やアスファルトには影響は受けない。もし、磁気センサとなった場合には、鉄筋が埋まっている等の原因が考えられ、1m 程度場所を移動してみると、影響を受けなくなって改善することがあるので試してもらいたい。

問題173

地磁気センサがエラーとなった場合の対応として、正しいものを一つ選びなさい。

1）離陸場所で磁気センサがエラーとなった場合、機体直下付近に鉄材が存在することが原因として考えられる。離陸して上空に上がれば離隔距離を保てることから改善が見込める。エラーは無視できる

2）離陸後、例えば構造物の点検で物件に近づいた際、磁気センサがエラーとなった場合、付近で大きな電流が流れて磁界が発生していることが考えられるが、一過性の反応なので、特に気にする必要はない。作業を続行する

3）離陸場所でエラーが発生した場合は、離陸地点を少し移動させる。上空で対象物付近にエラーが発生した場合には、速やかに距離をとり、エラー発生源には近づかない。磁気エラーは方位が不定になり、最悪の場合、操縦内容が正確に反映されず、事故につながる恐れがあることから、離隔距離を注意深く取る

答え　3）

解説

磁気センサのエラーは、必ず原因を突き止め、悪影響の原因を排除の上で作業を続行とする。地磁気センサのエラーは、機体の向き（方位）が不定となることなので、無視できない種類のエラーである。磁気センサの性質から、鉄材の影響というのがほとんどの原因であろうことから、場所を変える、離隔距離を取る等の対応を実施し、確実に対応することが求められる。

POINT

GNSS

GPS（Global Positioning System）は、アメリカ国防総省が、航空機等の航法支援用として開発した位置測位システムである。GPSと同様のシステムは、ロシアのGLONASS、欧州のGalileo、中国のBeiDou、インドのNaviC、日本の準天頂衛星QZSS等があり、これらを総称して**GNSS**（Global Navigation Satellite System/全球測位衛星システム）という。

GNSSは、理論的には最低4個の人工衛星からの信号を同時に受信できれば、その位置を計算で求めることができる。ただ、実際の運用では、十数機以上の人工衛星から信号を受信することが望ましい。

GNSSとRTKの精度

GNSSには、受信機1台の単独測位や、2台の受信機を使う**DGPS**（Differential Global Positioning System）、固定局と移動局の二つの受信機を使用する**RTK**（Real Time Kinematic）等がある。その精度は、単独測位が数m～十数mと一番悪く、RTKとなると、1m未満、条件次第では数cmまで高めることができる。

GNSSを使用した飛行における注意事項

GNSSの測位精度に影響を及ぼすものとしては、捕捉しているGNSS衛星の数、GNSS電波の受信障害、例えば障害物の存在やマルチパス、受信環境のノイズ等が挙げられる。また、RTKの固定局をはじめとする受信機は、周囲の地形や障害物の状況を考慮して設置する必要がある。最後に、位置精度は、水平方向に比べ高度方向の誤差が大きくなる傾向も重要な注意項目である。

問題174

GNSSに関する説明として、正しいものを一つ選びなさい。

1）GNSSとは、アメリカ国防総省が開発、運用しているGPSをはじめとする位置測位システムを総称した全球測位衛星システムのことである

2）GNSSによって、位置（緯度・経度・高度）を測位するには、未知の変数が三つ（緯度・経度・高度）であることから、三つ以上の衛星情報があれば問題ない

3）測位については、人工衛星からの電波を安定的に受信できることが必要となるが、数が多すぎてもノイズ（誤差情報）が増える傾向が増すことから、最大でも10基程度で十分である

答え　1）

解説

GNSSによる位置測位方法は、大まかにいうと、人工衛星から受信する位置情報（緯度、経度、高度）とその時間情報をもとに三角関数を応用して位置を求める方法である。よって変数は緯度経度高度に時間を加えて四つになることから、最低四つの人工衛星からの情報が必要となる。また、情報を受信する人工衛星の数であるが、マルチパスによる間接波等のノイズが混ざる懸念があるものの、たくさんあるほど良いとされる。十数基という上限はない。

問題175

GNSS使用上の注意項目に関する説明として、誤っているものを一つ選びなさい。

1）GNSSの精度は、ホバリングの位置精度や、特に自動飛行の飛行精度に影響を与える。誤差精度を踏まえ、障害物に接近させない等の配慮が必要である

2）GNSSの電波を発する人工衛星は、天頂に位置することから、マルチパス等の電波障害の可能性は考えなくてもよい

3）GNSSによる位置測位は三角関数の概念を応用したものであるので、上空に偏りなくまんべんなく位置する人工衛星からの電波を受信できるとよい

答え　2）

解説

人工衛星から受信する位置情報は、電波を利用していることから、当然のことながら電波の特性を踏まえた運用が求められる。飛行場所に高い建物構造物があれば、マルチパスの可能性を考える必要もあり、遮蔽される可能性もあることに注意が必要である。

また、選択肢3）に関して、人工衛星が満遍なく散らばった状態で電波を受信できると、位置精度が高まることが期待できる（図2.17）。

上空にまんべんなく人工衛星が存在する

位置測位精度が高い

上空に偏って人工衛星が存在する

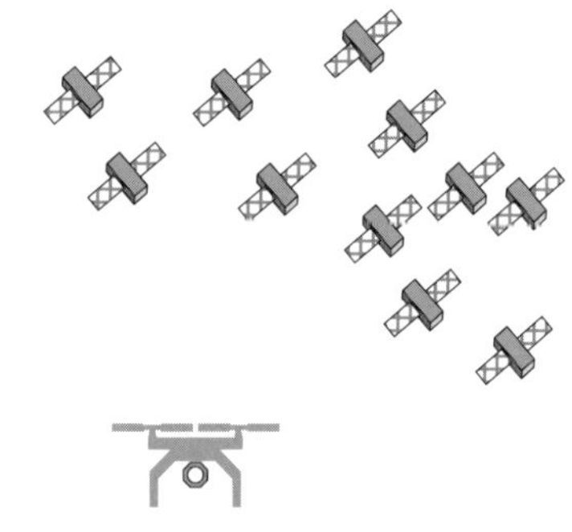

位置測位精度が低い

図2.17　人工衛星の理想的な配置イメージ

問題176

GNSSの種類と特徴に関する説明として、誤っているものを一つ選びなさい。

1）ネットワークRTKとは、国土地理院が全国に設置した1,000か所以上の電子基準点とその補正情報を携帯電話のネットワーク網から受信することで、観測点の位置測位と補正に活かし、精度を上げる仕組みである

2）DGPSとは、二つのGNSS受信機を用い、それぞれを同時に観測しながら相対的な位置関係を求める相対測位方式という方法を使って位置精度を高めている

3）位置精度の確かさは、DGPSが一番良く、続いてネットワークRTKが続き、最後に一番一般的なGNSS単独測位方式となる

答え　3）

解説

選択肢１）と選択肢２）のそれぞれの測位方式の説明については、正しい説明である。

選択肢３）の精度の順番が誤っており、一番精度が高い測位方式がネットワーク RTK であり、続いて DGPS、最後に GNSS の順番となる。

今後は、みちびきの電波を受信したものが、低コストながら一番精度が高いものになっていくことが期待される。

問題177

GNSS によって位置測位をするには、理論上、いくつの衛星の電波を受信できると可能になるのか、正しいものを一つ選びなさい。

1）三つ
2）四つ
3）五つ

答え　2）

解説

理論上は、緯度・経度・高度・時間の四つの変数が求まればよいので四つの GNSS の電波が受信できると算出ができる。ただし、実用上問題のない精度となると、四つでは全く足りない。少なくとも七つ以上、理想は10以上の衛星からの電波を受信できる状態が望ましい。

POINT

◆機体の整備・点検・保管・交換・廃棄

電動機における整備・点検・保管・交換・廃棄

運航者（無人航空機を運航する者）は、飛行の前後の点検だけではなく、無人航空機ごとに定められた一定の期間や一定の総飛行時間ごとに、メーカー指定の整備点検を含む整備点検を行う必要がある。

リチウムポリマーバッテリーの保管・交換・廃棄

特にリチウムポリマーバッテリーは、機体の性能を十分に発揮させる際の重要な要素であり、注意しなければならない事項も多い。保管、交換、廃棄の各シーンにおいて、正しい知識を習得し、実行することが重要となる。

エンジン機における整備・点検

エンジン機においても、電動機と同様、飛行の前後以外にも、一定の期間または一定の総飛行時間ごとに、メーカーが定めた整備項目を整備手順に従って整備・点検する必要がある。また、エンジンの整備については、高い専門性が求められることからメーカー等への外注を含め、確実に実施する必要がある。

問題178

無人航空機（電動機）における整備・点検等に関する説明として、誤っているものを一つ選びなさい。

1）無人航空機の点検については、飛行前日に実施するのみで十分であり、合理的である

2）定期点検では、機体や装備品のカメラ等を含めて、外観の汚損・破損のチェックに加えて、ねじの増し締めや可動部の動作・異音確認といったものから、不定期点検では、ソフトウェア・ファームウェアのアップデート等、多岐にわたる点検項目を、もれなく確実に実施する

3）点検の結果については、その措置も含めて点検記録として記録し、必要に

応じて参照できる状態にしておかなければならない

答え　1）

解説

無人航空機の点検は、無人航空機の安全な航行を担保するために非常に重要な要素であることから、飛行前後の点検に加えて、定期的な点検サイクルを設け、確実に、そして詳細に実施する必要がある。こうすることで、点検に密度が上がり、不具合の早期発見、リスク原因の早期排除が可能になる。また、モーターやESCの交換といったメーカー指定の重点検も計画的に組み入れ、完全な状態を維持する。効率や合理性より、安全性と完全性が優先される。

問題179

無人航空機（電動機）における整備・点検等に関する説明として、正しいものを一つ選びなさい。

1）無人航空機のメーカー点検は、製造元の責任において実施されるものであるので、信頼性が高く、受入検査の必要はない

2）ソフトウェアやファームウェアのアップデートは、メーカー主導で実施される不定期の点検作業の一つである。アップデート内容は、メーカーが責任をもって開発しているものなので、稼働確認等は必要ない

3）プロペラといった安全な飛行に直結する重要部品は、外観確認で特に破損等の欠点が見つからなくとも、飛行時間あるいは使用期間に応じて定期的に交換する等の基準は、有用なやり方といえる

答え　3）

解説

メーカーによる定期点検・不定期点検やオーバーホール、あるいはソフトウェアやファームウェアのアップデートについては、メーカー主導で行われるものではあるが、万が一の事態を想定し、受入検査や飛行テスト・慣熟飛行訓練を実施する必要がある。

メーカーの出荷確認を不幸にもくぐり抜けた不具合や、ソフトウェアの想定外のバグといった最悪の事態も考えられ、本番の飛行で明らかになってしまう事態は避ける必要がある。

問題180

リチウムポリマーバッテリーの保管に関する説明として、誤っているものを一つ選びなさい。

1）バッテリーを可能な限り低温下（10度以下）で保管すること
2）落下させるといった衝撃を与えない、あるいは落下物が衝突しないように保管すること
3）湿気の多いところを避け、また、水にぬらさないように保管すること

答え　1）

解説

バッテリーの保管に際しては、適温下での保管が必要となる。低すぎても、高すぎても問題であり、15～25℃くらいの暗所が適している。また、保管中に不用意に衝撃が加わったり、湿度が変化したりすることを防ぐためにも、丈夫な耐火BOX等に少しずつまとめて分散管理することが求められている。

問題181

リチウムポリマーバッテリーの保管に関する説明として、誤っているものを一つ選びなさい。

1）バッテリーを長期保管する場合には、自然放電を加味して、満充電の状態で保管する
2）短絡すると発火する危険があるため、バッテリー端子が短絡しないような配慮が必要である
3）万が一発火しても安全性を保てるように不燃性のケースに入れること

答え　1）

解説

バッテリーの長期保管時の充電容量は、自然放電を加味しつつ、バッテリーの劣化等を考慮して、60％を目安にする。満充電での保管は、劣化が早く進み、内部にガスがたまって使用できない状態になってしまう。

問題182

リチウムポリマーバッテリーの交換と廃棄に関する説明として、誤っているものを一つ選びなさい。

1）バッテリーが劣化して膨らんでしまうと、正しく機体に装着できないといったリスクがあり、廃棄の判断を下す必要がある
2）事業で使用したバッテリーの廃棄は、事業ごみとして考え、産業廃棄物として適切に廃棄する
3）個人の趣味で使用したバッテリーの廃棄は、溶媒であるポリマーが可燃物であることから、可燃物として適切に廃棄する

答え　3）

解説

バッテリーの廃棄については、個人利用の場合は、各地方自治体のルールに則って廃棄しなければならない。

問題183

エンジン機の点検に関する説明として、誤っているものを一つ選びなさい。

1）一定の期間または一定の飛行時間ごとに、メーカーが定めた点検項目を運航事業者独自の手順に従って確実に点検する必要がある
2）エンジン機は振動が大きいという特徴があることから、特にねじの緩みに気をつける必要がある
3）エンジンの調整については、メーカー等の専門知識を有する外部組織に任せることが推奨される

答え　1）

解説

定期点検の点検項目や点検手順については、まずはメーカーが示すものをもとにする必要があり、その上で、運航事業者独自の項目（観点）や手順を付加する。繰返しになるが、メーカーが示すものが大原則であり、独自の解釈や手法はリスクがあり、採用は控えるべきである。

問題184

無人航空機やバッテリー等の保管に関する説明として、誤っているものを一つ選びなさい。

1）無人航空機は高価で、また悪用されると一般社会に大きな損害を与えるリスクが考えられることから、施錠できる場所等に厳重に保管する必要がある

2）バッテリーの保管は、万が一の発火発煙のリスクを考え、耐火ケース等に小分けに分散して格納し、高温多湿の環境を避け、盗難にも配慮する必要がある

3）無人航空機とバッテリーは、盗難・喪失のリスクを考え、また省スペースの観点から、分散管理・保管ではなく、機体にバッテリーを接続した状態での保管が推奨される

答え　3）

解説

機体にバッテリーを接続したままでの保管は、短絡のリスク等が考えられることから、飛行時以外には不必要に接続したままにしてはならない。保管は、バッテリーを機体に接続していない状態で行う。

3章 無人航空機の操縦者及び運航体制

3.1 操縦者の行動規範及び遵守事項

POINT

◆操縦者の義務

航空法は、無人航空機を安全に飛行させることを目的に、操縦者に対してさまざまな法的義務を課している。そしてこの義務の中には、単なる法的な決まりごとだけでなく、操縦者が遵守すべき根本的なルールや規範が含まれていることを理解しておこう。

一等

カテゴリーⅢのようなリスクの高い飛行においては、操縦者は、義務を果たすことはもちろん、主体性をもって、無人航空機の安全な飛行を担保・実現しなければならない。

問題185

無人航空機の安全な飛行のために、操縦者が負っている義務の説明として、正しいものを一つ選びなさい。

1）航空法だけを理解すればよい

2）航空法に加えて、正確に飛行させるだけの技術を身につければよい

3）航空法だけでなく、小型無人機等飛行禁止法や電波法といった関係法令や条例、飛行技術に加えて、無人航空機の飛行の仕組みや特性、気象やリスク評価等、多岐にわたる知識の習得と実践が求められる

答え　3）

解説

無人航空機の安全な飛行のためには、航空法はもちろんのこと、関係法令の正しい理解と実施、操縦技術の維持・向上のほかにも、高い意識・モラルをもつ必要があり、また現場での運航においては、主体性をもって安全な飛行をリードする必要がある。操縦者には以上のようなことが求められていて、応える必要がある。

一等　問題186

カテゴリーⅢ飛行を行う際、無人航空機の安全な飛行のために、操縦者が負っている義務の説明として、正しいものを一つ選びなさい。

1）一等無人航空機操縦士の技能証明を取得すればよい

2）　等無人航空機操縦士の技能証明の取得と、第一種機体認証を取得した機体を使えばよい

3）一等無人航空機操縦士の技能証明の取得と、第一種機体認証を取得した機体の使用に加えて、国土交通大臣の事前の許可・承認を受ける必要がある

答え　3）

解説

一等無人航空機操縦士の技能証明の取得と、第一種機体認証を取得した機体を使用することに加えて、国土交通大臣の事前の許可・承認が必要になることに注意が必要である。一等の技能証明だけ、あるいは技能証明と第一種の機体の使用だけでは不十分である。

もちろん、高度な飛行技術と豊富な知識だけでなく、高いモラルと責任感、リーダーシップも求められていることはいうまでもない。

POINT

◆運航時の点検及び確認事項

運航当日を含む飛行前の準備から飛行前点検、飛行中の監視、最終的には運航終了後の措置まで、順を追ったプロセスごとに点検が必要な項目がさまざまある。また、使用する無人航空機の特性に応じた点検項目（注意事項）や、運航方法・目的にあった点検項目（注意事項）も考えられる。漏れ・抜けなく、いつでも、誰でも確実に点検できる仕組み作りもあわせて検討し、実践する必要がある。

問題187

飛行前の準備として、特に無人航空機の確認事項について、誤っているものを一つ選びなさい。

1）無人航空機の登録の有無及び有効期間の確認
2）無人航空機の機体認証の取得及び有効期間の確認
3）機体の保管状況の確認

答え　3）

解説

飛行前の準備として必要となる事項は、選択肢1）、2）に加えて、機体の保管は大切ではあるが、飛行前の準備の確認事項としてふさわしいのは機体の整備状況の確認である。

問題188

飛行前の準備として、特に操縦者の確認事項について、誤っているものを一つ選びなさい。

1）技能証明の等級・限定・条件及び有効期間の確認
2）操縦者の操縦能力、飛行経験、訓練状況等の確認
3）操縦者の体調の確認

答え　3）

解説

操縦者の体調確認のチェックは、飛行前の点検のタイミングで飛行の都度、実施すべきである。

問題189

飛行前の準備として、飛行空域及びその周囲の状況の確認を実施する必要があるが、誤っているものを一つ選びなさい。

1）第三者の有無、病院、学校、鉄道の有無の確認
2）障害物や安全な飛行に影響を及ぼす物件（高圧線、電波塔、変電所等）の有無の確認
3）道路交通法または港湾法の飛行禁止空域の有無の確認

答え　3）

解説

航空法以外に飛行禁止空域の定めがあるのは小型無人機等飛行禁止法である。

問題190

飛行前の準備として、航空法及び関係法令において必要な手続きを実施する必要があるが、誤っているものを一つ選びなさい。

1）航空法における飛行許可・承認の取得
2）技能証明書や飛行の許可・承認書、飛行日誌といった書類の適切な保管
3）無人航空機の登録及び有効期間の確認

答え　2）

解説

飛行前の準備の段階として必要なのは、書類の保管ではなく、携帯・携行である。

問題191

飛行前の点検項目として、誤っているものを一つ選びなさい。

1）ねじ等の脱落やゆるみ等がないかの確認

2）発動機やモーターに異音がないかの確認
3）ドローン情報基盤システム（飛行計画通報機能）に通報のし忘れがないことの確認

答え　3）

解説

ドローン情報基盤システム（飛行計画通報機能）への通報（入力）の確認は、飛行前のタイミングでは遅く、飛行前の準備のタイミングで実施すべきことである。

問題192

飛行前の点検項目として、誤っているものを一つ選びなさい。
1）バッテリーの充電量又は燃料の搭載量は十分かどうかの確認
2）通信系統、推進系統、電源系統等が正常に作動するかの確認
3）リモートID機能が正常に作動しているか又は登録記号が機体に適切に表示されているかの確認

答え　3）

解説

リモートIDの搭載（と正常な動作）と登録記号の適切な表示は、どちらかでよいわけではなく、両方が適切になされていることが求められている。

問題193

飛行中の監視項目として、正しいものを一つ選びなさい。
1）無人航空機の計画どおりの経路・高度・速度の維持状況の確認
2）飛行空域の直下への第三者の進入有無の確認
3）飛行空域への航空機及び他の無人航空機の接近・進入有無の確認

答え　1）

解説

第三者の進入有無の確認は、飛行空域の直下だけでは不十分であり、飛行空域の周辺も含める必要がある。同様に、航空機や他の無人航空機の接近・進入は、飛行空域だけでなく、その周辺も含めて監視をする必要がある。

問題194

異常事態発生時の措置として、誤っているものを一つ選びなさい。

1）速やかにかつ臨機応変に危機回避行動をとる

2）事故発生時には直ちに無人航空機の飛行を中止し、危険を防止するための措置をとる

3）事故・重大インシデントを国土交通大臣へ報告する

答え　1）

解説

異常事態発生時には、臨機応変・思いつきによる行動ではなく、予め策定・設定された手順等に従った危機回避行動をとる必要がある。

問題195

ガソリンエンジンで駆動する機体の注意事項として、誤っているものを一つ選びなさい。

1）エンジンによる振動が大きいため、ねじ類の緩みには特に注意する必要がある

2）燃料のガソリンを乗用車等で運搬する際には、22 L 以下の量に抑える

3）燃料のガソリンは、乗用車等で運搬する際にはペットボトル等の軽量で中身の有無が確認しやすい容器で運搬する必要がある

答え　3）

解説

ガソリンの輸送については、消防法によって22 L 以下の量を専用の容器にて運搬することが定められている。また、エンジン機は、振動が大きい傾向にあることが特徴である。

問題196

投下場所に補助者を配置しない場合の物件投下において、物件投下を行う高度について、正しいものを一つ選びなさい。

1）１m 以内
2）５m 以内
3）15 m 以内

答え　1）

解説

投下場所に補助者を配置せずに物件投下を行う際の高度は１m 以内とする定めがある。

Memo

POINT

◆飛行申請

カテゴリーⅡ飛行やカテゴリーⅢ飛行のように一定のリスクのある無人航空機の飛行については、そのリスクに応じた安全を確保するための措置を講ずることや、国土交通大臣の事前の許可または承認を取得することが求められている。

一等 問題197

カテゴリーⅡ飛行またはカテゴリーⅢ飛行における飛行申請の提出期限について、正しいものを一つ選びなさい。

1）カテゴリーⅡ飛行及びカテゴリーⅢ飛行のいずれの場合も、10開庁日前までに所定の提出先に提出する必要がある

2）カテゴリーⅡ飛行の場合は、10開庁日前までに所定の提出先に提出する必要がある

3）カテゴリーⅢ飛行の場合は、15開庁日前までに所定の提出先に提出する必要がある

答え　1）

解説

カテゴリーⅡ飛行の場合もカテゴリーⅢ飛行の場合も、飛行開始予定日の少なくとも10開庁日前（土日・祝日を除く）までに申請書を提出する必要がある。ただし、審査には一定の期間を要するため、例えば申請内容に不備があった場合には追加確認に時間を要することから、飛行予定日までに許可・承認が得られないことも想定される。したがって、現実的な対応としては、飛行開始予定日から3～4週間程度の十分な余裕をもって申請することが求められる。

一等 問題198

カテゴリーⅡ飛行における飛行申請の提出について、誤っているものを一つ選びなさい。

1）リスク分析と評価を行い、その結果に基づく非常時の対象方法や緊急着陸地点の設定等のリスク軽減策を講じることとした飛行マニュアルを、国土交

通省航空局に提出しなければならない
2）飛行の許可・承認の審査において、無人航空機を飛行させる者が適切な保険に加入していることを必須としている
3）当該申請に係る飛行開始予定日の20開庁日前までに申請書を国土交通省航空局に提出しなければならない

答え　2）

解説

カテゴリーⅢ飛行の場合であっても、保険の加入は強制されるものではなく、あくまで任意の加入とし、推奨される・望まれるという言葉で表現されている。しかし、特にリスクの高い飛行を行うカテゴリーⅢ飛行では、リスクに応じた保険の加入がリスク対応策にふさわしいことは明らかである。

問題199

飛行申請の提出先について、誤っているものを一つ選びなさい。
1）カテゴリーⅢの飛行申請は、国土交通省航空局になる
2）カテゴリーⅡの飛行申請は、東京航空局長又は大阪航空局長になる
3）カテゴリーⅡの飛行申請のうち、空港等周辺、緊急用務空域及び地上又は水上から150 m 以上の高さの空域の飛行申請は、東京空港事務所長又は関西空港事務所長になる

答え　2）

解説

カテゴリーⅡの飛行の場合、飛行させる空域や方法によって、提出先が異なる。詳細は、表3.1のとおりとなる。

表3.1　飛行申請の提出先

飛行させる空域や方法	提出先
空港等周辺、緊急用務空域及び 地上又は水上から150m以上の高さの空域	東京空港事務所長又は関西空港事務所長
上記以外の ・人口集中地区の上空で飛行させる場合 ・夜間飛行、目視外飛行 ・人又は物件から30m以上の距離が確保できない飛行 ・催し場所上空の飛行、危険物の輸送 ・物件投下を行う場合	東京航空局長又は大阪航空局長

Memo

POINT

◆保険及びセキュリティ

損害賠償責任保険とは、無人航空機の他の障害物等との接触または衝突、落下等による地上の人又は物件との接触または衝突により、第三者に損害を与えた場合の当該損害を賠償する保険である。

一方で、機体保険とは、何らかの操縦誤りによる無人航空機の損傷等を補償する保険である。

また、無人航空機は、それ自体の財産的な価値を狙った盗難のほか、犯罪やプライバシー侵害等の目的で悪用することを意図した運航の妨害や、コントロールの奪取の危険がある。特に無人航空機が悪用された場合、第三者に被害が及ぶことが懸念されることから、無人航空機の所有者及び操縦者は、このような危険から当該無人航空機を守るため、セキュリティの確保に取り組まなければならない。

問題200

無人航空機の保険について、誤っているものを一つ選びなさい。

1）機体保険とは、自らが飛行させる機体や機体に搭載するカメラ自体の損傷に対する保険であり、水没時等の場合に機体がみつからなければ、保険が適用されないケースがあるため、注意を要する

2）損害賠償責任保険とは、無人航空機を運航したことによっておきる第三者に対する損害を補償する保険である

3）国土交通省は、加入している保険の確認等、無人航空機を飛行させる者が賠償能力を有することの確認を、許可・承認の審査の際に行っており、もし損害賠償責任保険に非加入であれば、指導が入る場合がある

答え　3）

解説

保険の加入はあくまでの任意であり、強制をされるものではない。ただ、無人航空機の実運用においては、万が一のリスクに備えることは当然であり、保険の加入がリスク対応策としてふさわしいことは自明である。

一等　問題201

カテゴリーⅢ飛行のリスク評価結果による保険、セキュリティの説明について、正しいものを一つ選びなさい。

1）カテゴリーⅢ飛行はリスクの高い運航であることから、飛行の許可・承認の審査時に、無人航空機を飛行させる者が賠償能力を有することの確認が行われている。具体的には、現金及び現金同等物の保有の確認がなされる

2）飛行の形態に応じたリスク評価を行い、その結果に基づき、必要な機体保険に必ず加入する

3）無人航空機の選定においては、飛行の形態に応じたリスク評価の結果に基づき、例えばコントロール奪取の防止といったセキュリティ対策が講じられていることを考慮する必要がある

答え　3）

解説

保険の加入は、それが損賠賠償責任保険であれ機体保険であれ、あくまでの任意であり、強制をされるものではない。しかし、万が一の事故発生に備え、特に損害賠償責任保険は、第三者に対する損害賠償の備えとして加入が望まれる。また、保険に代わるものとして現金等の保有額が確認されてもない。

無人航空機の所有者及び操縦者は、無人航空機それ自体の金銭的価値を狙った盗難や、悪用を意図とした運航の妨害、コントロール権の奪取といった危険に備え、セキュリティの確保に取り組まなければならない。

3.2　操縦者に求められる操縦知識

POINT

◆離着陸時の操作

マルチローター、ヘリコプター、飛行機それぞれにおいて、離陸、ホバリング（回転翼航空機のみ）、下降、着陸等、シーンに応じた注意事項がある。しっかりと理解した上で、実際の機体操作が求められている。特に回転翼航空機においては、地面効果やボルテックスリングステートといった機体に及ぼす影響が大きい現象がある。どういう現象で、何をすべき・何をすべきでないかを正確に理解しなければならない。

◆手動操縦及び自動操縦

無人航空機は、人の手による手動操縦と、アプリケーション等により事前に設定した飛行経路を正確に飛行させることができる自動操縦の２通りの操縦方法が可能となっている。

手動操縦は、人の手によって直接、機体の移動を命令することから、操縦者の技量によって飛行の安定性に差が生じることになる。操縦技量の優れた人が操縦する場合、自動操縦では実現できない複雑な飛行が可能となる。

自動操縦においては、機体に搭載してあるカメラの操作も事前に設定しておくことも可能であるし、カメラの操作のみ人の手によるといった複合的な操縦も可能になる機体も存在する。

以上の例にあるとおり、手動操縦と自動操縦には、特徴とメリットがそれぞれあることから、正確に理解し、操縦場面に応じて最適な飛行方向を選択する必要がある。

◆緊急時の対応

緊急事態が発生した場合には、着陸予定地点に戻すことを前提とせず、速やかに最寄りの緊急時着陸地点もしくは無人地帯に緊急着陸（不時着）させる。また、機体のフェイルセーフ機能の仕様を理解した上で、その場での自動着陸や自動帰還といったリスクを最小限にする選択肢を速やかに選択する。

万が一にも事故が発生した場合には、特に負傷者がいる場合には、直ちに無人航空機の飛行を中止し、負傷者の救護及び緊急通報を行う。最終的には国土交通大臣に事故発生報告を行う必要がある。

問題202

回転翼航空機（マルチローター）の離陸時に特に注意すべき事項について、正しいものを一つ選びなさい。

1）離陸直後から対地高度１ｍ程度までの間、ローターが発する吹きおろしの風が地表面で滞留し、無人航空機の揚力が増す現象を地面効果という

2）地面効果によって機体の揚力が増すが、スロットルの開度以上の揚力が機体に影響していることから手助けとなり、操縦安定性が高まることで操縦が容易になる

3）地面効果は、機体重量とローターの回転数に比例する形で大きくなる

答え　1）

解説

地面効果は、ローターが吹きおろす風が地面付近に滞留し、この風が滞留した付近に当該無人航空機があれば、瞬間的に揚力が増す等の影響を受ける。この滞留した風の動きは非常に複雑で読みにくく、無人航空機の操縦を難しくする。また、地面効果は、ローターの大きさに比例（依存）する。ローターの回転数が上がれば、揚力が増し、機体重量以上の揚力となれば、機体は離陸を始める。整理すると、マルチローターの揚力は、ローターの回転数に比例し、機体重量が増えると必要な揚力も増える。地面効果の影響は、ローターの大きさ（径の大きさ）に比例する。

吹きおろした風が地面に反射する等して地面付近に滞留するとともに、機体を押し上げる。

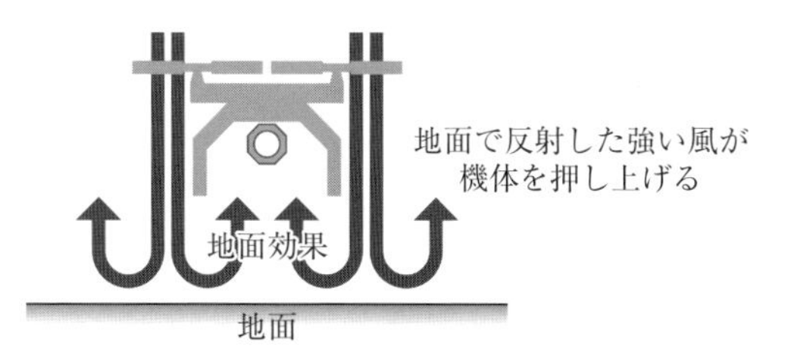

図3.1　地面効果

問題203

回転翼航空機（マルチローター）の離着陸とホバリングに関する注意事項について、誤っているものを一つ選びなさい。

1）離陸直後から対地高度1m程度までの間、地面効果という現象により、機体の制御が難しくなる。機体が地表から離れるほど、地面効果は弱まる

2）回転翼が発生する揚力と重力がつり合い、地表面から任意の高度を維持している状態をホバリングという。ホバリングは、ESCといったセンサ類やGNSS受信機から得られる情報をもとにフライトコントローラーが緻密に制御することで安定性が高まる

3）地面効果は、着陸時にも影響がある。地表面に近づくほど、地面効果の影響は大きくなることから、機体は不安定になり、操縦が難しくなる

答え　2）

解説

地面効果は、ローターが吹きおろす風が地面付近に滞留し、この風が滞留した付近に当該無人航空機があれば、影響を受ける。このことから、離陸時、着陸時ともに地面効果の影響を受けることが理解できる。地面効果は、地面に近づくほど大きく、地面から離れるほど小さくなる。地面効果はローターの径に依存し、地表面（高度ゼロ）から、ローターの直径の総和の値からその半分程度の値の高度まで影響が及ぶといわれる。したがって、われわれが使用するマルチローターでいうと、地表面からおよそ1m程度（ローターの半径の総和程度）の高度まで地面効果の影響があるといえる。

ホバリングを支援するセンサは、機体の姿勢を測る加速度センサ、角速度センサが統合されたIMUや、気圧センサをはじめとする高度センサ、そして方位を

測る地磁気センサ等がある。選択肢２）にあるESCはエレクトリックスピードコントローラーと呼ばれ、これはセンサではなく、フライトコントローラーの指示に従って、バッテリーの電流をモーターに断続的に入り切りする役割（制御）を担ったコントローラーである。

問題204

回転翼航空機（マルチローター）の下降に関する事項について、正しいものを一つ選びなさい。

１）機体を下降させるには、コントローラーのスルットルを絞ることで、モーターの回転数を低め、結果として揚力を減少させている

２）機体の降下は垂直降下（鉛直下向き）が基本であり、マルチローターが最も得意とする移動方法である

３）機体の斜め下方方向への降下は、水平方向への移動と、下向きへの移動の組合せとなり、非常に複雑な制御を伴うことから墜落事故を招きやすく、慎重な操縦が求められる

答え　１）

解説

鉛直下向きの移動（降下）は、マルチローターの大きな特徴の一つではある。しかし、下降のスピードが速すぎると、機体自身が下向きに吹きおろした空気が再びローターに吸い込まれるといった空気の再循環が発生し、急激に揚力を失う現象が発生する。この現象は、**ボルテックスリングステート**と呼ばれ、注意を要する。ボルテックスリングステートが発生すると、揚力を急激に失うことから、機体は一気に墜落する。

ボルテックスリングステートは、水平方向の移動を組み合わせることで、空気の再循環が起こりにくくなり、その発生が防止される。水平方向の移動を組み合わせた**下降**は、ボルテックスリングステートの予防に効果のある下降方法といえる。また、下降のスピードを抑え気味にすることも重要なポイントである。

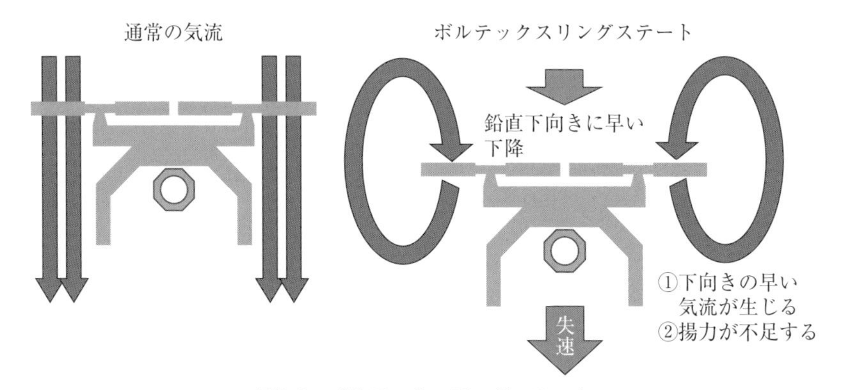

図3.2　ボルテックスリングステート

問題205

回転翼航空機（マルチローター）の降下に関するリスクとしてボルテックスリングステートがあるが、この説明として、誤っているものを一つ選びなさい。

1）ボルテックスリングステートとは、当該機体が発生する下向きの空気を再度吸い込むことで、空気の再循環が起こり、急激に揚力が増す現象のことをいう

2）ボルテックスリングステートを防止するには、下降のスピードをできるだけ緩やかにすることが有効である

3）機体の降下に水平方向の移動を組合せ、斜め下方方向への降下とすることで、空気の再循環が発生しにくくなり、ボルテックスリングステートの予防になる

答え　1）

解説

ボルテックスリングステートは、下向きに吹きおろした空気を、ローターが再度吸い込むことで空気の再循環が発生し、急激に揚力を失う現象のことをいう。また、ボルテックスリングステートが発生すると、空気の再循環から抜け出すのは難しく、最悪の場合、機体は一気に墜落する。

問題206

回転翼航空機（マルチローター）の飛行は、基本的にGNSS受信機によって

得られる緯度経度高度の位置情報をもとにした制御によって安定した飛行が実現する。このGNSS受信機による位置情報が何らかの理由で使用できない場合の説明として、誤っているものを一つ選びなさい。

1）GNSS受信機による位置情報を利用しない飛行は、機体周辺の気流の影響や微小な姿勢変化による影響により、特に水平方向の位置決めが不安定となる

2）GNSS受信機の故障により位置情報を利用できない場合や、緊急事態によりGNSS受信機による位置情報を利用しない場合、高い操縦技術が求められる

3）GNSS受信機による位置情報を利用しない、及び利用できない場合の手動操縦は、特に水平方向の位置決めを安定させるため、ラダー及びエルロンの二つの舵を細かく動かして機体を制御する

答え　3）

解説

GNSS受信機による位置情報を利用しない、利用できない場合の手動操縦は、特に水平方向の位置決めが重要であるが、これはエレベーター（機体の前後方向）とエルロン（機体の左右方向）の二つの舵を緻密に操作することで対応する。ラダー（機体の左右回転方向）は、まったく使わないというわけではないが、他の二つの舵の操作に比べると、操作頻度は大きく下がる。

問題207

回転翼航空機（ヘリコプター）の離着陸場の選定ポイントとその理由について、誤っているものを一つ選びなさい。

1）水平な場所を選定すること。傾斜地では、テール部等が地面に接触する恐れがある

2）滑りやすい場所を避けること。離陸前に機体が滑るように移動を始め、接触、横転等の危険がある

3）砂又は乾燥した土の上は避けること。ローターの回転によるダウンウォッシュによって砂埃等が舞い、視界をさえぎる恐れがある

答え　2）

解説

滑りやすい場所を避けるという選定ポイントは間違いない。問題は理由である。離陸前にメインローターが回転を始めたときに、テールローターの回転が不十分で反トルクに打ち勝つトルクが不足し、機体が回転し始める可能性がある。または逆にテールローターのトルクが反トルクに勝りすぎ、機体が回転し始める恐れもある。要するに機体に起きる挙動は移動ではなく、回転である。

問題208

回転翼航空機（ヘリコプター）の離着陸時の注意事項について、誤っているものを一つ選びなさい。

1）離陸は垂直上向きに、一気に目標高度まで上昇することで、地面効果を避けながら効率よく離陸すること。垂直方向への移動は、回転翼航空機の最大の特徴である

2）着陸時、地面効果範囲内の高度は避け、速やかに着陸させること。地面効果の影響を受ける高度は、機体が不安定なるため、ローターの半径前後の高度から着陸するまでは、スムーズに高度と下降速度を下げ、地面効果の影響を少なくしつつ、着陸による衝撃を抑える

3）ローターの回転が完全に停止するまで機体に近づかないこと。ローターが回転している間は、機体が動く可能性があり、また、回転しているブレードが身体に当たることで深刻なケガを負う可能性もある。非常に危険である

答え　1）

解説

ヘリコプターをはじめとする回転翼航空機の特徴として、垂直上昇・下降や真横、真後ろへの移動が可能となる点は確かにある。ただし、ヘリコプターの急激な垂直上昇は、ローターの回転数が維持できなくなり、揚力が低下することで機体の制御が非常に難しくなる可能性がある。垂直方向の急上昇は、緊急時等、やむを得ない場合を除いて、控える必要のある操縦方法である。また、急激な垂直下降は、今までマルチローターと同様、ボルテックスリングステートの発生の可能性があり、控える必要のある操縦方法である。

問題209

飛行機の離着陸地点及び離着陸に関する注意事項について、誤っているものを一つ選びなさい。

1）滑走路は水平で草等が伸びていない場所を選定すること。傾斜地は滑走中に機体が不安定になる可能性がある。また、伸びた草がプロペラに接触して、十分な推力が出ない等の障害が考えられる

2）離着陸の方向は、必ず向かい風を選ぶこと。横風であっても、できるだけ向かい風になる方向を選ぶ。飛行機は追い風の中で離着陸を行うと、失速する可能性が高くなり、非常に危険である

3）離陸時、上昇角度は最大に取ること。最大の上昇角度で速やかに高度を上昇させる

答え　3）

解説

飛行機の上昇は、適切な迎角というものがあり、迎角を大きく取り過ぎると、翼の表面から空気が剥離してしまい、一転して揚力を失う。向かい風の方向と推進力のバランスを考えながら、適切な上昇角度（迎角）で上昇しなければ危険である。何事も“急”のつく操作は危険であり、過度な速度や角度は避けることが安全な操縦につながる。

問題210

飛行機の着陸に関する注意事項について、誤っているものを一つ選びなさい。

1）着陸は向かい風の中で行うこと。飛行機は、追い風の中で着陸を行うと失速する可能性がある。横風であっても、できるだけ向かい風になる方向を選ぶ

2）着陸は一定の速度で行うこと。着陸時の速度を変えて、徐々に早くすると滑走路内で停止できず、滑走路を逸脱する恐れがある。一方で速度を徐々に遅くすると、揚力を失い、墜落してしまう

3）着陸ポイントの目測に最大限の注意を払うこと。目測を誤ることで、滑走路内で停止できず、滑走路を逸脱する可能性があり危険である。滑走路への進入速度や進入角度、向かい風の強さ等、総合的に勘案する必要がある

答え　2）

解説

飛行機の着陸は、地面に近づくにつれ、下降速度を遅くする。これは、着陸時の衝撃を抑え、脚部の変形や破損を防ぐためである。もちろん、揚力を失うほど速度を遅くし過ぎるのは危険である。

一等 問題211

立入管理措置を講ずることなく行う飛行（カテゴリーⅡ飛行）における飛行機の離着陸に関する注意事項について、誤っているものを一つ選びなさい。

1）離着陸に際しては、機体と人が接触する等、第三者の安全が損なわれるおそれがないようにする。また、離着陸時にローターやプロペラから発せられる風の影響を受け、物等が飛ばされないようにする

2）近接する壁面や構造物により離着陸時に機体が不安定になるような環境は、最新の注意を払いながら離着陸を行う

3）離着陸エリア上空又は周辺に、電線等の障害物がない、あるいは十分に回避できる余裕のある空域を選ぶ

答え　2）

解説

回転翼航空機であれ飛行機であれ、無人航空機の離着陸は、操縦に注意すべき事項が数多くあり、判断や操作を誤ると重大な事故につながる可能性がある。この上で、離着陸時に機体が不安定になるような環境を離着陸地点に選定することは、非常に高いリスクを追加で抱え込むようなもので、そもそもの判断として誤っている。離着陸時に機体が不安定になるような環境は、離着陸エリアから除外する。

問題212

手動操縦と自動操縦の特徴について、誤っているものを一つ選びなさい。

1）手動操縦は、操縦者が送信機のスティックを直接操作することによって、機体の移動を命令して機体を操る。機体の移動様式も基本的なものに限られることから、緊急回避的な操縦手段に留まる

2）自動操縦は、予め飛行経路を設定し、無人航空機は自動で飛行経路を正確に飛行することが可能である。中には、飛行経路は飛行エリアの範囲を設定するのみで、自動的に飛行経路を作成するようなプランニング機能もある

3）無人航空機の飛行自体は、自動飛行に任せ、搭載する撮影用カメラ操作を手動操作で行うといった複合的な操縦を行える機体もある

答え　1）

解説

手動操縦は、操縦者の技量の差が、飛行の安定性や動作に差として如実に表れる。技量の高い操縦者が操れば、非常に高度な動きが可能となる。一方で自動操縦は、非常に高度な動きは難しいところがある。最後に、手動操縦が緊急回避時の操縦手段になることは、そのとおりである。

問題213

手動操縦と自動操縦の特徴について、誤っているものを一つ選びなさい。

1）手動操縦は、高い操縦技術をもつ者が操縦する場合、飛行高度や回転半径、速度の緩急等の細かな操作が行え、映画撮影のような高度で芸術性の高い空撮、複雑な構造物の精密な点検等の現場で使われている

2）手動操縦は、緊急回避的な場面で利用されることがあるが、この場合、各種センサやGNSS受信機による位置情報等のフィードバックがないことが想定され、操縦の難易度が高くなる

3）一般的に、手動操縦は飛行経路・動きの再現性に強みをもち、自動操縦の再現性の精度向上には、今後の進展に期待がかかる

答え　3）

解説

手動操縦は、技量の高い操縦者が操れば、非常に高度で芸術的な動きが可能となり、映画やCMの撮影現場での高度な操縦は手動操縦によって行われている。ただ、技量が高い者であっても飛行内容の再現性には、自動操縦に分がある。

一方で自動操縦は、非常に高度で芸術性のある動きは難しいところがあるが、一度確定された飛行経路については、高い再現性をもって飛行ができる。このことから、経過観察が必要となる現場や物資輸送の定期航路等の場面で使われてい

る。

問題214

手動操縦と自動操縦それぞれの注意事項について、誤っているものを一つ選びなさい。

1）手動操縦は、高い操縦技術をもつ者が操作する場合、無人航空機を精細で芸術的に扱える。一方で、操縦技術がそれほど高くない操縦者が操作する場合、意図しない向きに無人航空機が飛んでいく等、安全性が大いに危ぶまれる

2）自動操縦は、予め設定された飛行経路を正確になぞった飛行ができるがゆえに、飛行経路上の障害物の見落としに注意が必要である。また、GNSS受信機から得られる位置情報の誤差を踏まえた余裕をもった飛行経路を設定することも重要である

3）自動操縦から手動操縦への切替えについては、常時、無人航空機を監視してさえいれば、通常の手動操縦と変わることなく、落ち着いて対応すれば特別リスクはない

答え　3）

解説

自動操縦から手動操縦への切替えについては、無人航空機を常時監視し続けておくだけでは不十分である。例えば切り替えた瞬間に急な速度低下・変化による失速や加速、機体の向きの認識誤り、障害物との離隔距離の認識誤りといったリスクが考えられる。一旦、定常飛行状態やホバリングする等して、機体の安定性や方位、周囲の安全確認を行うといった処置が有効である。

一等　問題215

立入管理措置を講ずることなく行う飛行（カテゴリーⅢ飛行）における自動操縦の注意事項について、誤っているものを一つ選びなさい。

1）飛行経路の設定については、可能な限り第三者の立ち入りが少ない飛行経路とすること

2）飛行経路の付近に、第三者の立ち入りの可能性を考慮の上で、万が一の場合を想定した緊急着陸地点や不時着エリアを設定すること

3）鳥等の野生動物から飛行の妨害を受けた場合を想定し、速やかな手動操縦への切替えを可能とする体制を構築すること

答え　1）

解説

飛行経路の設定については、第三者の立ち入りの可能性を考慮することだけでは不十分である。飛行経路とその周辺に、送電線や構造物等の飛行の障害になるものがないことを、事前に確認しておくこと。この事前の確認についても、インターネット上の衛星写真や地図情報等、机上の情報に頼るだけでなく、実際に現場に出向いて現状を直接目視確認することは、非常に重要である。

問題216

飛行中の無人航空機に異常が発生した際のフェイルセーフ機能の説明について、誤っているものを一つ選びなさい。

1）送信機の電波途絶やバッテリー容量の減少等によって飛行が継続できない、あるいは継続できないことが予想される場合には、フェイルセーフ機能により無人航空機の飛行モードが通常の飛行モードから自動帰還モードに切り替わり、離着陸地点に向けて飛行を開始する

2）フェイルセーフ機能発動中に、さらにバッテリー残量不足等の理由で飛行の継続が困難な場合、機体は緊急自動着陸モードに切り替わり、その場に着陸を試みる

3）バッテリー残量が極端に少ない場合には、まずは自動帰還モードに切り替わり、離着陸地点に向けて飛行を開始する

答え　3）

解説

フェイルセーフ機能の発動時の振る舞いとして、緊急性の低いものから高いものを順番に例示すると、次のとおりである。

①送信機の電波途絶で飛行の継続が難しく、しかしバッテリー残量に余裕がある場合、その場でホバリングをし、電波の回復を待つ。

②送信機の電波途絶で飛行の継続が難しく、バッテリー容量も減少している場合、離着陸地点に向けて自動帰還を開始する。

③バッテリー残量が少なく、離着陸地点に戻るまでの余裕がない場合、あるいはバッテリー残量が極端に少ない場合は、その場に緊急自動着陸を行う。

バッテリー残量が、元の離着陸地点に戻るまである場合は自動帰還モードが発動するが、残量が十分でない場合は近場の安全な場所に緊急自動着陸を行うか、その場での緊急自動着陸となる。

このほかにも、GNSS受信機に何らかの異常が発生して、機体の正確な位置情報が取得できない場合、自動帰還も難しいことから、その場に緊急自動着陸するといった機能もある。

問題217

事故発生時の運航者の行動として、誤っているものを一つ選びなさい。

1）事故発生時には、無人航空機の飛行より、まずは負傷者の救護が何よりも優先されるべきである

2）負傷者がいない場合でも、事故の状況に応じた警察への通報、火災が発生している場合には消防への通報といった危険を防止するための措置を講じる

3）事故内容は、国土交通大臣に報告しなければならない

答え　1）

解説

負傷者がいる場合には、その負傷者の救護が非常に大切ではあるが、無人航空機の安全な中止も非常に重要な事項である。事故の拡大や二次被害を起こさないためにも、速やかに無人航空機の運航を中止するとともに、負傷者の救護や警察への通報、消防への通報等、事故状況に応じた危険を防止する措置を講じる必要がある。

一等 問題218

立入管理措置を講ずることなく行う飛行（カテゴリーⅢ飛行）における緊急時の対応に備えて、予め対応手順を定め、その手順が実施できるように訓練を実施しておく必要があるが、その際に考慮すべき項目について、正しいものを一つ選びなさい。

1）GNSSによる位置情報の補正・支援機能を前提とした飛行訓練
2）フェイルセーフ機能の使用を前提とした飛行訓練
3）事故発生時を想定した、最寄りの警察署、消防署、救急病院、空港事務所、業務の発注者等、関係者・機関・団体、加入している保険の代理店等の連絡先の整理と連絡網の作成

答え　3）

解説

緊急時に備えた訓練ということなので、GNSSによる位置情報の補正・支援機能に頼らない手動操縦（いわゆるATTIモード）の飛行訓練であったり、フェイルセーフ機能の仕様の確認、発動条件の理解、フェイルセーフ機能自体の動作のリハーサルといった飛行訓練の実施といったものが必要とされている。

選択肢にはないがほかにも、機体サイズに応じた緊急着陸地点、不時着エリアの確保であったり、機体墜落時の対応手順の明確化・明文化、機体が発火・発煙した際の消火方法の確認といった項目も、事前の準備と訓練が求められている。

3.3　操縦者のパフォーマンス

POINT

◆操縦者のパフォーマンスの低下

無人航空機の飛行の安全は、事前の入念な飛行計画の立案が必要であることはいうまでもない。しかし、それでもやはり操縦者が要であることに変わりはない。操縦者は、飛行中に強いストレス下に置かれるが、強い責任感から無理をしがちである。飛行中に操縦者にかかる負担を低減し、正確で迅速な判断が飛行中のいかなるタイミングでも下せるような環境を整えることが肝要である。

◆アルコール又は薬物に関する規定

航空法において、アルコール又は薬物の影響下では無人航空機は飛行してはならないと、明確に規制されている。これを実際の飛行現場で正確に遵守するには、自己申告に加えて、例えばアルコール検知器を活用して数値で判断するとか、現場責任者が注意深く操縦者の行動を観察し、普段との様子の違いに気をつけるといった客観的判断も有効である。

問題219

操縦者は特に飛行中に強いストレスを受ける。この理由となる背景と回避・解決方法に関する説明として、誤っているものを一つ選びなさい。

1）操縦者の飛行時間を適切に管理すること。これは、操縦者は疲労を感じていたとしても、飛行を継続する傾向が見られるためである

2）操縦者にかかるストレスを軽減すること。これは、操縦者に過度なストレスがかかっている状況では、適切な判断が下せない等、安全な飛行の妨げになるためで、事前の適切な飛行計画の立案、運航体制の構築や飛行準備と、飛行当日の現場における操縦者と関係者間との円滑なコミュニケーションルール・方法を整えることが重要である

3）飛行中はすべての情報を操縦者に集中させること。これは、飛行の責任は、最終的には操縦者が負うことから、操縦者以外の関係者が判断することは越権行為に当たると考えられるためである

答え　3）

解説

無人航空機の飛行については、航空法をはじめとする関係法令に条例等も含め、操縦者の義務と責任が明確にされている。しかし、無人航空機の安全な運航は、操縦者だけで実現できるものではない。例えば、飛行経路下への第三者の進入の察知や阻止、飛行経路上の障害物との離隔距離の把握等、飛行範囲の管理と操縦者の支援は、監視者と安全管理者（責任者）といった役割を担う関係者の存在と協力が不可欠になる。こうした体制を構築することで、操縦者は無人航空機の適切な操縦に集中できる。

選択肢3）のように、すべての情報が操縦者に集まり、逐次判断を求められるような体制であれば、操縦に集中できないことは明らかである。

問題220

操縦者のパフォーマンスに影響を与えかねないアルコールと薬物に関する規定について、正しいものを一つ選びなさい。

1）航空法により、アルコール等の飲酒後及び薬物の接種後の無人航空機の飛行は、禁止されている

2）飛行前日の深酒は、翌日の飛行に悪影響を与える可能性があることから、控える必要がある。また、アルコールの影響がないことを客観的に判断するために、アルコール検知器を利用することは有効である

3）麻薬やコカインといった違法薬物を除く薬物であれば、その接種は特に問題ない

答え　2）

解説

航空法では、アルコール及び薬物の影響下では無人航空機を飛行させてはならないと定められている。逆にいうと、アルコール検知器によってアルコール反応がない（ゼロ）、あるいは薬の影響がない状態では、無人航空機を飛行させても問題ない。

特に薬については、もちろん違法なものを除き、薬の服用が禁止されているわけではない。一部の風邪薬には服用後に眠気を誘うような副作用があるが、こうした副作用は当然、安全な飛行を妨げる可能性があることから、操縦者としては不適となる。今回は操縦者から外れましょうということである。

Memo

3.4　安全な運航のための意思決定体制（CRM 等の理解）

POINT

◆ CRM（Crew Resource Management）

事故等の防止のためには、操縦技量（テクニカルスキル）の向上だけでは不十分であり、人間の特性や能力の限界（ヒューマンファクター）の観点から、ヒューマンエラーを完全になくすことはできない。ゆえに、①すべての利用可能な人的リソースと、②ハードウェア及び③情報の三つを活用した「CRM（Crew Resource Management）」というマネジメント手法が効果的である。

◆安全な運航のための補助者の必要性、役割及び配置

無人航空機を安全に航行させるための役割分担の話である。

まず、無人航空機を飛行させる操縦者は、当然、機体の動きの常時監視と、操縦を受け持ち、集中する必要がある。飛行経路とその周辺の管理、第三者の立入管理・監視や、飛行準備については、補助者の支援が不可欠である。ここで、操縦者と補助者とのコミュニケーション手段とルール等も必要であり、事前にしっかりと取り決めておく必要がある。

問題221

安全な運航を実現させるためにCRM（Crew Resource Management）という管理手法があるが、この説明として、誤っているものを一つ選びなさい。

1）事故発生の予防には、操縦技量の向上が最も手っ取り早いが、人間の特性や能力の限界（ヒューマンファクター）の観点から考えると、これだけでは不十分であるといえる

2）ヒューマンエラーを完全になくすことはできないことから、利用可能な人的リソース、ハードウェア、ソフトウェアの三つの要素を有機的に関連付けた「CRM（Crew Resource Management）」という管理手法が考え出され

た

3）具体的には、飛行空域及びその周辺の全体の安全を管理しつつ、飛行中の無人航空機を常時監視するのは、補助者等、関係者の支援が必要となる。この際、補助者の一人が第三者の進入といった事故につながりかねない兆候を早期にとらえ、他の補助者によって事故に至らないように適切に対処するといった手法である

答え　2）

解説

CRM（Crew Resource Management）において管理される要素は、①**利用可能な人的リソース**、②**ハードウェア**、③**情報**の三つである。

選択肢3）の例で考えると、①の利用可能な人的リソースとは、操縦者及び複数の補助者である。②のハードウェアとは、無人航空機そのものであったり、送信機といった個々の機器であったり、関係者間で連絡を取り合うトランシーバー等の周辺機器も含まれる。③の情報については、「飛行範囲に第三者が近づいている」という情報であったり、「その第三者を排除するように！」という指示であったりする。

繰返しになるが、①利用可能な人的リソース、②ハードウェア、③情報を有機的に関係付けて、事故につながりかねない脅威を早期かつ迅速に認識し、事故に至らぬように管理・対処する手法が、CRMである。

問題222

事故防止のために操縦技能（テクニカルスキル）の向上が有効であるが、あわせて、例えばCRM（Crew Resource Management）という管理手法を用いて事故につながりかねない脅威を管理することも有効である。このとき、CRMを効果的に機能させるための能力（ノンテクニカルスキル）として考えられるものとして、誤っているものを一つ選びなさい。

1）状況認識及び意思決定

2）ワークロード管理

3）階層化構造をもったチーム体制及び指揮命令系統

答え　3）

解説

CRM（Crew Resource Management）を有効に機能させるには、これにふさわしいチーム構造がある。すなわち、複数の階層からなる組織構造ではなく、情報の一括集中管理がやりやすいフラットでシンプルな組織構造である。具体的には、一人（一つ）の安全管理者（本部）と直接結びつく補助者という単純な構造である。単純な組織構造にすることで、情報が劣化することなく、素早く管理者に届き、迅速な意思決定が下ることで、脅威が早期に管理されることが期待できる。

問題223

無人航空機の安全な運航には補助者の存在が欠かせないが、この補助者が受け持つ役割として、誤っているものを一つ選びなさい。

1）飛行する無人航空機の監視
2）飛行経路下及びその周辺への第三者の進入の監視
3）万が一の際の無人航空機の操縦

答え　3）

解説

補助者の役割は、あくまでも操縦者の補助及び安全な飛行に資する運航の補助である。万が一の際には、予め取り決められた手順によって、緊急着陸地点への誘導であったり、障害物との離隔距離の計測・確認であったりする。操縦権を受け持つ場合、それはもはや補助者ではなく操縦者である。

問題224

無人航空機の安全な運航には補助者の存在が欠かせないが、この補助者の配置やコミュニケーションに関する説明として、誤っているものを一つ選びなさい。

1）無人航空機の経路や範囲に応じて、監視エリアを公平に等分とし、補助者の負担を平準化する
2）第三者の立ち入りの可能性を考慮し、早期の状況把握と対応が可能となるように配置する
3）操縦者及び安全管理者との絶対的なコミュニケーション手段の確立（携帯

電話やトランシーバー）と、連絡のタイミングの取り決めや方位の認識の統一等を行う

答え　1）

解説

補助者の負担に大小がない方が望ましいが、優先されるべきは、無人航空機の安全な運航であり、まずは操縦者から見えにくいエリアの監視補助であったり、障害物があればその付近の重点監視だったり、第三者の立ち入りの可能性であったり、リスク管理の観点で総合的に検討の上で補助者を配置する。見るべきポイントが多く、補助者の負担が大きい場合は、安全な運航にとってもリスクとなることから、補助者の人数を増やすといった対応が必要となる。

また、コミュニケーションの手段や内容の取り決めも重要であり、現地に到着して携帯電話のサービスエリア外であることが初めて発覚して慌てるといったことがないように、事前の確認が重要である。また、方位の認識や距離の表現についても、注意が必要である。北といっても、人によって認識がまちまちである可能性があり、距離も「あと少し」といった漠然とした表現でなく、「あと５m」といったようになるべく具体的で定量的な表現が求められる。

Memo

4章 運航上のリスク管理

4.1 運航リスクの評価及び最適な運航の計画の立案の基礎

POINT

◆安全に配慮した飛行

無人航空機の運航者は、運航上の「リスク」を管理することが安全確保上、非常に重要である。そこでリスクアセスメントの考え方を導入して、危険性・要因（ハザード）を確実に特定し、リスクを見積もるとともに、リスク低減措置を具体的に検討後、そのリスク低減措置を確実に実施することでリスクをコントロール（管理）する。

手順①	事故等につながる可能性のある危険性または有害性の要因（危険源、ハザードともいう）を特定する。
手順②	ハザードによって引き起こされる負傷等の重篤度と発生の可能性の度合い（リスク）を見積もる。
手順③	リスク低減のための優先度をリスクレベルの高い順に設定し、リスク低減措置を具体的に検討する。
手順④	リスク低減措置を確実に実施する。

図4.1　リスクアセスメントの手順

このようなリスク管理の考え方は、特にカテゴリーⅢ飛行において重要となるが、その他の飛行においても十分に理解した上で、安全に配慮した計画や飛行を行うことが求められる。

問題225

安全確保のために飛行空域に安全マージンと呼ばれる一定の範囲を加えて、飛行空域を管理する。この安全マージンの範囲に関する説明として、誤っているものを一つ選びなさい。

1）緊急時等に一時的な着陸が可能なスペースを、前もって確認・確保しておく

2）飛行経路を考慮し、周辺及び上方に障害物がない水平な場所を離着陸場所として設定する

3）飛行領域に危険半径（高度と同じ数値又は30 m のいずれか短い方）を加えた範囲を、立入管理措置を講じて無人地帯とする

答え　3）

解説

危険半径とは、高度と同じ数値又は30 m のいずれか長い方と定義される。

問題226

飛行の逸脱防止や安全を確保するための運航体制の構築に関する説明として、誤っているものを一つ選びなさい。

1）ジオフェンス機能を使用することにより、飛行空域と飛行禁止空域を明確に分ける

2）衝突防止機能として無人航空機に付属のセンサ類を用い、周囲の障害物を認識・回避する

3）安全を確保するための運航体制として、操縦と安全管理の役割を同一人物に集中させ、意思決定を早めるという工夫が理想である

答え　3）

解説

操縦と安全管理の役割を分割させ、操縦者は操縦に、安全管理者は現場の安全管理に集中できるような体制とすることが望ましい。

POINT

◆飛行計画

飛行計画は、使用する無人航空機に生じる可能性のある物理的障害や飛行範囲にある特有の現象、制度面での規制等、事前に予想し得る状況変化について、もれなく確認した上で策定することが求められている。

問題227

飛行計画策定時の確認事項について、誤っているものを一つ選びなさい。

1）飛行計画の策定時では、無人航空機の飛行経路・飛行範囲を決定し、その上で無人航空機を運航するに当たって、自治体等、各関係者・権利者への事前の周知や承諾を得ることが必要となる場合がある

2）離着陸場は人の立ち入りや騒音、コンパスエラーの原因となる構造物がないか等に留意する必要がある

3）ドクターヘリ等の航空機の往来についてはまったく予測がつかないため、事前に考慮する必要はない

答え　3）

解説

ドクターヘリの往来有無を予測することは非常に難しい。しかし、ドクターヘリ等の航空機が飛来してきた場合の飛行空域に対する影響は、事前の想定が可能であり、無人航空機の緊急着陸場所の検討及び確保をしておく等、考慮する必要はある。

一等　問題228

カテゴリーⅢ飛行において追加となる安全確保について、誤っているものを一つ選びなさい。

1）当日の他の航空機との空域調整結果が反映されていること

2）必要最低限の個数のプロペラ及びモーターを有する等、機体の軽量化を図ることで落下時の衝撃エネルギーを軽減する設計がなされた機体を使用すること

3）パラシュートを展開する等、落下時の衝撃エネルギーを軽減できる機能を有する機体を使用すること

答え　2）

解説

特にカテゴリーⅢ飛行では、第三者へ与えるリスクの軽減措置が最優先される。したがって、機体軽量化による被害軽減策も有効であるものの、選択肢ではプロペラ及びモーターの個数を問うていることから、必要最低限の個数より多くの個数を有し、冗長性と耐障害性を備えることの方が被害軽減策として有効と考えられる。

Memo

POINT

◆経路設定

飛行経路は、無人航空機が飛行する高度と経路において、障害となる建物等構造物、送・配電線や電柱・送電鉄塔といった電気設備、電波塔や樹木といった障害物や、鳥等の妨害から避けられるよう設定する。障害物付近を飛行せざるを得ない経路を設定する際は、機体の性能に応じて安全な距離を保つように心がける。

一等

カテゴリーⅢ飛行においては、飛行形態に応じたリスクの分析及び評価を行い、その結果に基づくリスク軽減策を講じる必要がある。経路設定に当たっては、地上と空中の両方のリスクに対する軽減策を講じる必要がある。

一等　問題229

カテゴリーⅢ飛行において追加となる安全確保について、誤っているものを一つ選びなさい。

1）可能な範囲で第三者が立ち入りにくい飛行経路を設定する
2）飛行経路付近に緊急着陸地点や不時着エリアを予め設定する
3）機体に備わるフェイルセーフ機能の発動は、思いがけない挙動を招き、事故を誘発する可能性を拭えないことから、必ず飛行前に使用不可の設定に変更する

答え　3）

解説

機体に備わるフェイルセーフ機能は、その発動条件と仕様等を十分に理解しておく必要がある。事前に仕様を確認した上で、飛行テスト等で実際に発動させて動きを確認する等の準備を行い、機能を有効に活用する。

問題230

無人航空機の飛行に当たって、リスク評価とその結果に基づくリスク軽減策の検討は安全確保上、非常に重要であるが、誤っているものを一つ選びなさい。

1）事故等につながりかねない具体的な「リスク」を可能な限り多く特定し、それによって生じる「ハザード」を評価したうえで、リスクを許容可能な程度まで低減する

2）「リスク」を評価したうえで、リスクを許容可能な程度まで低減する。リスクを低減するためには、①事象の発生確率を低減するか、②事象発生による被害を軽減するか、この両方を検討した上で必要な対策をとる

3）例えば、機材不具合というハザードによる墜落というリスクに対しては、機材不具合の可能性を低減するために 信頼性の高い機材を使用（上記①）したり、墜落時にパラシュートにより地上の被害を低減（上記②）したりするといった対策が考えられる

答え　1）

解説

「リスク」と「ハザード」が逆の意味合いで書かれている。

ハザード：事故等につながる可能性のある危険要素（潜在的なものを含む）をいう

リ ス ク：無人航空機の運航の安全に影響を与える何らかの事象が発生する可能性のことをいう

4.2　気象の基礎知識及び気象情報をもとにした リスク評価及び運航の計画の立案

POINT

◆気象の重要性及び情報源

無人航空機の安全な飛行に、気象は重要な要素である。

風や風向きは無人航空機の飛行に影響を与え、霧や雲は無人航空機の監視を妨げる。降水確率だけでは不十分であるといえる。

また、天気図の見方も重要である。天気図から、等圧線の配置、高気圧や低気圧、台風や前線の位置及び移動速度等を確認し、天候や風向・風速の変化を知っておく。

無人航空機の飛行に関係する気象情報を得るためには、一般的な天気予報だけでなく、詳細な情報を求め、さまざまなソースを当たる必要がある。特にインターネット上には、有益な情報がある。

◆気象の影響

無人航空機の安全な飛行には、風速、風向、雲や雨が影響するが、ほかにも、突風や海陸風、山谷風、ビル風と呼ばれる特徴的な現象もある。正確に理解した上で、飛行環境にあわせて影響度合い・内容を予測することが大切である。

◆安全のための気象状況の確認及び飛行の実施の判断

今ではなく数時間後、あるいは数分後の飛行環境における気象の変化を予測することで、飛行の実施可否を判断の一助になる。気象の影響によるリスクを低減することは、安全な飛行に大きく寄与する。このためにも、天気図を読む、気象情報を集めて評価する、地形から風を読むといったことが必要になる。

問題231

無人航空機の安全な飛行と気象との関係の説明として、誤っているものを一つ選びなさい。

1）雨や雪は、無人航空機を構成する精密機器やバッテリーに悪影響を与える恐れがあることから、特に防水・防滴対策が施されていない無人航空機の場合、降雨・降雪時の飛行は控える必要がある

2）風が無人航空機の安全な飛行に与える影響は小さくないことから、飛行経路下における飛行中の風速と風向に関する事前の情報収集は、非常に重要な準備事項である

3）目視内飛行に限っての気象情報の収集については、まとめると、降水確率と風速、風向に関する情報収集に気をつける必要がある

答え　3）

解説

目視内飛行とは、「当該無人航空機及びその周囲の状況を目視により常時監視して飛行させること」と定義されていることから、視認性の観点が重要となる。この観点を気象情報に照らすと、濃霧や雲が飛行に与える影響を考えることができる。

飛行場所や時間帯によっては、天気予報では晴でも霧が立ち込めて、とても視界を確保できないといったケースも考えられる。また、霧の中を目視できる範囲で飛行させたとしても、まるで降雨の中を飛ばしたかのように機体が多量の水滴をまとうこともある。これは防水・防滴対策が施されていない機体に対しては危険な状況といえる。

天候、降水確率、風速・風向に加えて、視程障害となり得る雲や霧、砂埃といった地形等の環境要因も加味した気象情報の収集と評価が必要になる。

問題232

気象に関する情報源と気象情報に関する説明として、正しいものを一つ選びなさい。

1）飛行場所における数日後の天候を予想するには、予報天気図の分析が最も有効である

2）飛行場所における数分後の降水確率を予想するには、予報天気図の分析が最も有効である
3）飛行場所における数日後の風速・風向等を予想するには、アメダスと気象レーダーの最も分析が有効である

答え　1）

解説

気象の情報源と、そこから得られる気象情報の関係を考察すると次のようなことが考えられる。

天気図からは、気圧配置、前線の位置、移動速度等の情報が得られるが、ここから、大まかな天候とその変化、風の強弱や風向が予想できる。

アメダスからは、実際の降雨量と緻密な降雨場所が得られるが、ここから、数分後から数時間後の降雨の可能性や大まかな降雨量が予想できる。

気象レーダーからは、実際の雨雲の有無や移動情報が得られるが、ここから、数分から数時間後の降雨の可能性が予想できる。

以上を総合すると、選択肢2）はアメダスと気象レーダーの組合せがふさわしく、選択肢3）は天気図がふさわしいと考えることができる。

問題233

天気図を正しく分析するために、用語の意味を正しく理解する必要があるが、その用語に関する説明として、誤っているものを一つ選びなさい。

1）天気記号とは、快晴・晴・曇・雨・雪・霧等を表す記号のことである
2）天気記号に付いた矢の向きが風向を表す。風が吹いていく方向に矢が突き出している。観測では16又は36方位を用いているが、予報では8方位で表す
3）天気記号に付いた矢羽根の数が風力を表す。風力12までの13段階で表す

答え　2）

解説

天気記号についた矢の向きが風向を表すが、風が吹いてくる方向に矢が突き出していることに注意を要する。

問題234

天気図を正しく分析するために、用語の意味を正しく理解する必要があるが、気圧に関する説明として、誤っているものを一つ選びなさい。

1）気圧とは、大気の圧力のことである

2）気圧の等しい点を結んだ線を等高線という

3）周囲よりも相対的に気圧が高いところを高圧部といい、その中で閉じた等圧線で囲まれたところを高気圧という。同様に、周囲よりも相対的に気圧が低いところを低圧部といい、その中で閉じた等圧線で囲まれたところを低気圧という

答え　2）

解説

気圧の等しい点を結んだ線は、**等圧線**といわれる。
等高線とは、標高の等しい点を結んだ線のことである。

問題235

天気図を正しく分析するために、用語の意味を正しく理解する必要があるが、高気圧・低気圧に関する説明として、誤っているものを一つ選びなさい。

1）高気圧は、北半球では時計回りに等圧線と約30°の角度で中心から外へ向かって風を吹き出している。高気圧の中心部では下降気流が発生し、一般的に天気はよい

2）低気圧は、北半球では反時計回りに低気圧の中心に向かって周囲から風が吹き込む。中心部では上昇気流が起こり、雲が発生しやすく、一般的に天気は悪い

3）高気圧から低気圧へ大気が対流することにより風が起こる。等圧線の間隔から風の強弱を知ることができ、等圧線の間隔が狭いほど風は弱まる

答え　3）

解説

高気圧、低気圧ともに、その定義は選択肢1）、2）のとおりである。
選択肢3）において、気圧の高い方から気圧の低い方に大気は循環することか

ら、風向きは気圧の高い方から低い方の向きとなる。ここまでは選択肢の内容は合っている。等圧線の間隔が狭いほど、風は強まる。これは、気圧の高低差が一定とすると、間隔が広ければゆったりと風が流れ、間隔が狭ければ急激に風が流れるイメージで理解できるかと考える。

問題236

日本の四季と天気情報に関する説明として、誤っているものを一つ選びなさい。

1）冬の気圧配置は、シベリア気団が勢力を強め、シベリア低気圧が生じ、西高東低となる。シベリア低気圧は日本列島に対して、北西の乾燥した冷たい風を送るが、これが影響して日本海側に雲が生じ、雨や雪の降水量が増える

2）春及び秋は、ユーラシア大陸で発達した高気圧が偏西風に乗って日本に運ばれるが、この高気圧を移動性高気圧という。同時に、偏西風によって日本海で温帯低気圧が生じることがあり、結果として移動性高気圧と温帯低気圧が日本に交互にやってくる。このことから、天候が周期的に変化する

3）夏の気圧配置は、小笠原気団が勢力を強め、太平洋高気圧が生じ、南高北低となる。太平洋高気圧は日本に温かく湿った風を送り、これを南寄りの季節風という

答え　1）

解説

冬の気圧配置は、選択肢1）にもあるとおり**西高東低**である。このことからもシベリア気団（気団とは空気の塊）が勢力を強めてできるのは、高気圧である。これを一般に**シベリア高気圧**といい、北西の乾燥した冷たい風、いわゆる北風のもととなる。

問題237

気象における前線に関する説明として、誤っているものを一つ選びなさい。

1）温度や湿度の異なる気団（空気の塊）が出会った場合、二つの気団はすぐには混ざらないで境界ができる。この境界が地表と接するところを、前線という

2）寒冷前線では、発達した積乱雲により、突風や雷を伴い短時間で断続的に強い雨が降る。また、前線が接近してくると南から南東よりの風が通過後は

風向きが急変し、西から北西よりの風に変わり、気温が下がる

3）温暖前線では、層状の厚い雲が段々と広がり近づくと気温、湿度は次第に高くなる。基本的には荒れ模様で、強い風を伴って強く激しい雨が降り続ける

答え　3）

解説

選択肢3）の温暖前線の説明が誤りである。

温暖前線では、層状の厚い雲が段々と広がり近づくと気温、湿度は次第に高くなる。ここまでの説明は正しい。雨風の説明は、正しくは、「時には雷雨を伴うときもあるが、弱い雨が絶え間なく降る。通過後は北東の風が南寄りに変わる。」という説明が正しい。

選択肢3）の記載内容は、前線ではなく台風の説明である。付け加えると、台風は前線ではない。

問題238

気象における前線に関する説明として、誤っているものを一つ選びなさい。

1）寒冷前線が温暖前線に追いついた前線を、閉塞前線という。閉塞が進むと次第に低気圧の勢力が弱くなる

2）気団どうしの勢力が変わらず、ほぼ同じ位置に留まっている前線を停滞前線という。長雨をもたらす梅雨前線や秋雨前線がこれに当たる

3）夏の前及び後に、北にある寒気（オホーツク海気団）と南にある暖気（小笠原気団）が対等にぶつかり合い、日本を横切るような停滞前線が発生する。これを梅雨前線及び秋雨前線という

答え　3）

解説

選択肢3）において、秋雨前線の説明を梅雨前線の説明に混ぜることが間違いである。梅雨前線の説明については、選択肢3）で問題ないが、秋雨前線では、小笠原気団とぶつかり合う気団が、オホーツク海気団の場合もあればシベリア高気圧の場合もあるということに注意を要する。

問題239

気象の影響について、雲の種類等に関する説明として、誤っているものを一つ選びなさい。

1）雲には、10種雲形と呼ばれる10種類の雲の形がある

2）上層雲として巻雲・巻層雲・巻積雲の３種が、中層雲として高層雲・乱層雲・高積雲の３種が、低層雲と下層から発達する雲として積雲・積乱雲・層積雲・層雲の４種がある

3）層雲系の雲では断続的、突発的なしゅう雨性の降水を、積雲系であれば連続的な降水を伴う傾向がある

答え　3）

解説

層雲系の雲では、連続的な降水を伴う傾向がある。一方、積雲系であれば、断続的で降水強度が急に変化し、降り始めや降り止みが突然なにわか雨に代表されるような、しゅう雨性の降水を伴う傾向がある。

問題240

風と風向に関する説明として、誤っているものを一つ選びなさい。

1）空気は、気圧の高いほうから低いほうに向かうが、この空気の流れを風という。風は、空気の水平方向と垂直方向を組み合せた三次元の流れでもあり、風向と風速で表す

2）風向は、風が吹いてくる方向で表現する。例えば、北の風とは北から南に向かって吹く風をいう

3）風向は360°を16等分し、北から時計回りに北、北北東、北東、東北東、東のように表す

答え　1）

解説

風の定義の問題であるが、風は空気の水平方向の流れのことと定義されている。水平方向の二次元の話である。

問題241

風速に関する説明として、誤っているものを一つ選びなさい。

1）風は必ずしも一定の強さで吹いているわけではなく、単に風速といえば、観測時の前１分間における平均風速のことをいう

2）平均風速の最大値を最大風速、瞬間風速の最大値を最大瞬間風速という

3）風速は空気の動く早さで、メートル毎秒（m/s）で表す

答え　1）

解説

風速の定義の問題である。観測時の前10分の平均値が平均風速と定義されている。

問題242

風の現象に関する説明として、誤っているものを一つ選びなさい。

1）低気圧が接近すると、寒冷前線付近の上昇気流によって発達した積乱雲により、強い雨や雷とともに突風が発生することがある

2）海陸風とは、海と陸との気温差によって生じる局地的な風のことである。昼間は、暖まりやすい海上に向かって風が吹き、夜間は、冷めにくい陸地に向かって風が吹く

3）山谷風とは、山岳地帯に現れる風の一種である。昼間は、日射で暖められた空気が谷を這い上がる谷風が吹き、夜間は冷えた空気が山から降りる山風が吹く

答え　2）

解説

陸地に比べて海水の比熱は５倍程度もの差があることから、海は陸に比べて温まりにくく、冷めにくいといえる。したがって、選択肢２）の海陸風の説明は正しく書き直すと次のとおりである。

昼間は、暖まりやすい陸地に向かって風が吹き、夜間は、冷めにくい海に向かって風が吹く。

問題243

風力の定義及び風の現象に関する説明として、誤っているものを一つ選びなさい。

1）風力は、気象庁風力階級表（ビューフォート風力階級）により、風力０から風力５までの６階級で表せる

2）ビル風とは、高層ビルや容積の大きい建物等が数多く近接している場所及び周辺に発生する風で、周辺の風より風速が速く、継続して吹くという特徴がある

3）ダウンバーストとは、積乱雲や積雲内に発生する強烈な下降流が地表にぶつかり、水平方向にドーナツ状に渦を巻きながら四方に広がってゆく状態をいう。その大きさは数百ｍから10 km にも及ぶ場合がある

答え　1）

解説

風力は、気象庁風力階級表（ビューフォート風力階級）により、風力０から風力12までの13階級で表せる。参考までに、国土交通省航空局が定める飛行マニュアルにおいて、飛行の実施可否判断を行う風速５m/s の風を先の表にあてはめると、軟風（軟風）と表現され、3.4～5.5 m/s 相当の風速で、木の葉や小枝が揺れる、波頭が砕ける、白波が現れ始めるというような状態が定義されている。

問題244

無人航空機の運用における気象の影響に関する説明として、誤っているものを一つ選びなさい。

1）低温時の無人航空機の飛行は、飛行可能時間が短くなる可能性がある。これは、モーター等の動力部がなかなか暖まらず、抵抗等ロスが生じるからである

2）太陽光パネルやアスファルト舗装面の上空の飛行では上昇気流による姿勢の乱れ、高度の変化に注意する。これは、太陽光パネルやアスファルト舗装面が太陽光により温められ、上昇気流を生み出すからである

3）学校のグラウンド等広い運動場のような場所では突発的に発生する渦巻き状の風の発生に注意する。これは、強い日差しによって温められた地表面の

大気が局地的に渦巻状に立ち上るからである

答え　1）

解説

低温環境において無人航空機の飛行時間が短くなる現象は、使用するリチウムポリマーバッテリーが通常の気温時に比べて活性化しないことが原因である。10℃付近を下回ると、運用に注意をし始める必要がある。対策としては、事前にバッテリーを室内で温めておくといった方法が有効である。

問題245

無人航空機の運用における風等の影響に関する説明として、誤っているものを一つ選びなさい。

1）飛行環境が海辺の場合、早朝の飛行は陸から海に向けた方向の風の影響を受け、正午あたりからは逆に海から陸に向けた方向の風の影響を受ける。これは、海陸風が影響している

2）飛行環境が山間部の場合、昼間（日中）、特に正午以降では谷間から山へ、はい上がる方向の風の影響を受ける。これは山谷風が影響している

3）飛行環境がビルの合間の場合、飛行経路において向かい風から急に追い風になったり、強い横風を急に受けるといったように風向きが時々で大きく変わる。これはダウンバーストが影響している

答え　3）

解説

選択肢3）の状況は、ビル風の影響を受けているといえる。ビル風は、周辺を吹く風より風速が速く、その建物群の配置や構成によって剥離流、吹きおろし、逆流、谷間風といったように複数の特徴がある。いずれも強い風で、急に向きが変わるといった複雑な環境であることから、飛行には十分な注意が必要である。

問題246

気象状況の影響による無人航空機の飛行可否判断に関する説明として、誤っているものを一つ選びなさい。

1）西側の空が黒い雲で覆われ、風が強くなってきたことから、飛行を一時中断し、インターネットで今後の天候変化を確認することにした

2）夏場の気温が非常に高く、快晴である。雷鳴が聞こえるが、遠くからかすかに聞こえる。念のために飛行を一時中断し、インターネットで今後の天候変化を確認することにした

3）冬場の飛行で翌日の気温が０℃の予報となった。バッテリーの性能が十分に発揮されない温度なので、飛行を中止した

答え　3）

解説

低温環境において使用するリチウムポリマーバッテリーが通常の気温時に比べて活性化しないことは、正しい理屈である。しかし、中止を決断するのは、過剰な判断といえる。

飛行内容によっては問題がない場合もある。通常の飛行時間の半分の飛行時間でミッションを終える飛行計画を検討するといった対応が考えられる。また、事前にバッテリーを室内や社内で十分温めるといった対策もある。この場合、通常の飛行時間になると考えるのは行き過ぎであるが、７～８割の能力を期待できる。もちろん、バッテリー残量は常時監視する必要はある。

4.3　機体の種類に応じた運航リスクの評価及び最適な運航の計画の立案

POINT

◆飛行機

飛行機の運航の特徴は、マルチローターやヘリコプターといった回転翼航空機に比べて、広い離着陸エリアを必要とし、旋回半径が大きくなるといったものがある。また、離陸及び着陸は向かい風の中で行う必要がある点も、特徴として挙げられる。

一等 飛行機において、使用機体と飛行計画をもとにしたリスク軽減策の検討要素の例示として、次のようなものが考えられる。

大まかにいって、飛行機の飛行計画においては気象情報、飛行経路設定、緊急着陸地点の確保が重要である。具体的な例示として、例えば飛行機の離着陸は、向かい風で行う必要があることから、地上の風向だけでなく、上空の風向きも重要である。インターネット等を駆使して、風向・風速の気象予報情報を収集する必要がある。

また、飛行経路については、過度な上昇角度や小さな旋回半径は失速の恐れが高まることから、余裕をもった飛行計画の立案が必要である。

一等 次に、リスク軽減策を踏まえた運航の計画の立案である。

一つ前の段落でリスク軽減策の検討要素が例示として具体的に挙げた。離着陸時の風向、飛行時の上昇角度や旋回半径については、こういった要素を運航計画の立案においては、具体的な数値や行動、禁忌事項として盛り込む必要がある。

例えば上昇角度については、取扱説明書等で指定された上昇角度以内で飛行させるといった具合である。

問題247

飛行機の特徴（運航特性）に関する注意点の説明として、誤っているものを一つ選びなさい。

1）回転翼航空機（ヘリコプターとマルチローター）に比較して、広い離着陸エリアが必要である

2）離陸は向かい風の中を、着陸は追い風の中で行う

3）回転翼航空機（ヘリコプターとマルチローター）に比較して、旋回半径が大きい

答え　2）

解説

飛行機の離陸及び着陸ともに向かい風の中で行う必要がある。滑走路の向きによっては、横風になってしまう場合もあるが、このときもできるだけ向かい風になる方向で離着陸を行う。これは、追い風になると揚力を失って失速し、最悪の場合、墜落する可能性があるためである。

問題248

飛行機の特徴（運航特性）に関する注意点の説明として、誤っているものを一つ選びなさい。

1）着陸は、失速しない程度に減速しつつ、エルロンを操舵しながら行う

2）飛行機はホバリングできないために、空中待機はサークルを描くように旋回飛行を行う

3）飛行機は旋回半径を小さくし過ぎると失速の恐れがある

答え　1）

解説

飛行機の着陸時に操作する舵は、主にエレベーターである。機種の上下方向の角度を巧みに操りながら、着陸する。このとき、スロットルを絞りながら減速するが、減速し過ぎると、揚力を失い、墜落しかねない。かといって、速度を十分に下げなければ、滑走路内で停止できないということも考えられ、非常に難しい操縦が求められる。

一等 問題249

飛行機の飛行計画におけるリスク軽減策の検討要素の説明として、誤っているものを一つ選びなさい。

1）離着陸を必ず向かい風で行う必要があることから、風向の予測と計測が重要である

2）風速は、地上だけでなく飛行させる高度上空付近の風速も予想と計測が重要である

3）離陸直後、安全な飛行空域に速やかに到達する必要があることから、上昇角度を大きく取る

答え　3）

解説

飛行機は、上昇角度を大きく取り過ぎると、揚力を失う可能性がある。したがって、上昇角度を大きく取り過ぎることは危険であり、避ける必要がある。

一等 問題250

飛行機の飛行計画におけるリスク軽減策の検討要素の説明として、誤っているものを一つ選びなさい。

1）経路設計の段階で余裕をもった旋回半径と上昇角度を検討し、設定する

2）緊急事態発生時、飛行機の推進装置の異常が考えられることから、推力の調整が難しくなることを想定し、緊急着陸エリアは広い範囲を確保する

3）飛行機は離着陸を向かい風で行う必要があるが、緊急着陸の場合は緊急事態であるために最短経路で滑走路に進入することが優先される

答え　3）

解説

飛行機の着陸は向かい風の中で行うが、緊急事態時においても、この原則に変わりはない。

一等 問題251

飛行機のリスク軽減策を踏まえた運航計画に立案として、誤っているものを一

つ選びなさい。

1）離着陸地点では、操縦者及び補助者は機体と20 m 以上離れることが推奨されている。ただし、取扱説明書等に推奨距離が記載されている場合には、その指示に従う

2）離着陸地点は滑走範囲も考慮して周囲の物件から30 m 以上離すことができる場所を選定する。しかし、距離が確保できない場合は、補助者を配置する等の安全対策を講じる

3）離陸後は失速しない適度な速度と上昇角度を保って上昇する。着陸は可能な限りの低速度で滑走路に確実に進入させ、安全に接地させる

答え　3）

解説

飛行機の着陸は、低速度が望ましいが、失速しない程度の最低速度以上の速度は必要となる。失速しない最低速度を下回る速度となると、揚力を失って失速し、墜落してしまう。

一等　問題252

飛行機のリスク軽減策を踏まえた運航計画に立案として、誤っているものを一つ選びなさい。

1）上昇させる場合は、取扱説明書等で指定された上昇角度以上の角度で飛行させる

2）旋回させる場合は、取扱説明書等で指定された最低旋回半径より大きな半径で飛行させる

3）飛行中断に備え、飛行経路上又はその近傍に緊急着陸地点を事前に選定する。第三者の立入りを制限できる場所の選定又は補助者の配置を検討する

答え　1）

解説

飛行機は、過度な上昇角度をとると、揚力を失い、最悪の場合、墜落してしまう。取扱説明書等で指定される上昇角度を上限として、それ以下の上昇角度で飛行させる必要がある。

POINT

◆回転翼航空機（ヘリコプター）

ヘリコプターの運航の特徴は、同じ回転翼航空機に分類されるマルチローターと比較して、広い離着陸エリアを必要とし、機体と操縦者及び補助者との離隔距離を多く取る必要があるといったものがある。また、機体の高度がメインローターの直径前後では地面効果の影響が出始め、半径以下の高度では地面効果の影響が顕著に現れるといった特徴がある。さらに、垂直降下時にはボルテックスリングステートに気をつける必要もある。

一等

ヘリコプターにおいて、使用機体と飛行計画をもとにしたリスク軽減策の検討要素の例示として、次のようなものが考えられる。
概要としては、ヘリコプターの特徴を踏まえたリスク軽減策の要素を考える。具体例としては、地面効果の影響がある高度の飛行はできるだけ短くするといった具合である。

一等

次に、リスク軽減策を踏まえた運航の計画の立案である。
先の地面効果のリスクを検討要素にすると、例えば、地面から機体高度がメインローターの直径程度までの間は地面効果の影響があり危険なため、速やかに上昇または着陸し、移動に時間をかけないといった具体化した上で運用計画に盛り込む。

問題253

回転翼航空機（ヘリコプター）の特性にあわせた運航上の注意点に関する説明として、誤っているものを一つ選びなさい。

1）一般的に、メインローターにはプロペラガードが付かないことから、安全上の観点により離着陸エリアは広い場所を確保する

2）垂直上昇・下降やホバリングが可能となるヘリコプターは、離着陸場所を

極小にできる。機体と操縦者及び補助者との必要隔離距離は、ローター直径程度の距離を確保する

3）ヘリコプターはメインローターの回転数を十分に高めなければ、離陸に必要な揚力を得ることができない。取扱説明書等で離陸に必要な回転数を確認しておく

答え　2）

解説

ヘリコプターが、垂直上昇・下降及びホバリングが可能であることは確かであるが、だからといって離着陸エリアを極小にはできない。

例えばヘリコプターの離陸には、離陸直後に機体がドリフトして流れるといった特性があり、操縦者及び補助者との離隔距離が十分でない場合には接触のリスクが高まる。また、離陸場所の地面が砂等の滑りやすい状態であれば、メインローターの回転数が高まるにつれて反トルクの影響を受けて機体が回転し、長いテール部と操縦者及び補助者が接触する恐れがあったり、巻き上がる砂埃で視界が遮られたりといったリスクも考えられる。以上のことから、やはり離隔距離は十分に取る必要があるといえる。

さらに、ヘリコプターはマルチローターと違い、揚力の増減はメインローターの回転数ではなく、一定の回転数におけるローターブレードのピッチ角を変更することでコントロールされる。したがって、この必要な一定の回転数を取扱説明書等で事前に確認しておく必要がある。

問題254

回転翼航空機（ヘリコプター）の特性に合わせた運航上の注意点に関する説明として、誤っているものを一つ選びなさい。

1）機体高度がおよそメインローター半径以下になると、地面効果の影響が顕著になり、機体の安定・挙動に注意が必要である

2）垂直上昇は、ホバリングと同様にヘリコプターが得意とする特性の一つであり、離陸時の飛行計画に組み込むことを念頭に置く

3）垂直降下は、ボルテックスリングステートとなり、急激に高度が低下し回復できない危険性がある。前進等の水平方向の移動を伴いながら降下させることで予防できる

答え　2）

解説

ヘリコプターは垂直上昇が可能であるが、実は大きなパワーを必要とすることから、長時間・長距離の垂直上昇は行うべきではない。前進等の垂直方向の移動を伴った上昇経路を描くような飛行計画を立案する必要がある。

また、山間部の崖や斜面に沿って飛行させる場合に、強い吹きおろしの風が影響して上昇できないといったことが考えられる。斜面を沿うような飛行計画は、吹きおろしの風のリスクを検討しておく必要がある。

一等　問題255

回転翼航空機（ヘリコプター）の飛行計画におけるリスク軽減策の検討要素の説明として、誤っているものを一つ選びなさい。

1）離着陸地点において、機体と操縦者、補助者及び周囲の物件との必要な安全距離を確保する

2）地面効果範囲内の飛行時間を短くする

3）離陸は垂直上向きに速やかに上昇させる

答え　3）

解説

ヘリコプターの垂直上昇は、非常に大きなパワーを必要とすることから、緊急時を除いて避けるべきで、前進等水平移動を組み合わせた上昇が望ましい。

一等　問題256

回転翼航空機（ヘリコプター）の飛行計画におけるリスク軽減策の検討要素の説明として、誤っているものを一つ選びなさい。

1）重力に任せた垂直下向きの素早い降下は、ヘリコプターが得意とする特徴であり、エネルギー効率も非常に高いことから、降下に有効な操縦方法である

2）オートローテーション機能付きの場合、オートローテーション機能を理解し、飛行訓練を実施する

3）緊急着陸地点の安全確保は、飛行計画段階で補助者の配置等の方法を検討

し、確実に行う

答え　1）

解説

ヘリコプターの早い垂直降下は、ボルテックスリングステートを引き起こしやすく、万が一、ボルテックスリングステートに入ってしまえば、揚力を失って一気に下降、墜落する危険が高まる。したがって、鉛直下向きの早い降下は、やってはならない操縦方法である。

回避の方法として、水平方向の舵を組み合わせて斜め方向の下降にするか、下降速度を穏やかにすることで、ボルテックスリングステートを予防できる。

一等　問題257

回転翼航空機（ヘリコプター）のリスク軽減策を踏まえた運航計画に立案として、誤っているものを一つ選びなさい。

1）離着陸地点は操縦者及び補助者と20ｍ以上離れることを推奨する。取扱説明書等に、推奨距離が記載されている場合は、その指示に従う
2）離着陸地点は周囲の物件から30ｍ以上離すことができる場所を選定する。距離が確保できない場合は、補助者を配置する等の安全対策を講じる
3）離陸後は、高度を上げず、まずは地表面付近で速やかに機体状況の確認を行う

答え　3）

解説

地表面付近は地面効果の影響があり、機体の安定性が悪く、機体の状況を正確に確認・把握はできない。地面効果外の高度（メインローターの半径以上の高度）まで速やかに上昇させ、機体が安定したホバリング状態になった後に機体状況の確認を行う。ここでいう機体状況の確認とは、異音や異常振動の有無、機体の上下左右移動、左右旋回の操舵が正確に遅延なく機体の動きに反映される等の確認事項のことである。

一等　問題258

回転翼航空機（ヘリコプター）のリスク軽減策を踏まえた運航計画に立案として、誤っているものを一つ選びなさい。

1）前進させながら上昇させる等、垂直上向きの飛行を避ける飛行経路を検討する

2）ボルテックスリングステートを予防するため、取扱説明書等で指定された上昇率以内で飛行させる

3）飛行中断に備え、飛行経路上又はその付近に緊急着陸地点を事前に選定する。この際、第三者の立ち入りに備えて、補助者の配置等を検討する

答え　2）

解説

ボルテックスリングステートとは、機体を下向きに速い速度で下降させた際に、自機の生み出す下降気流を吸い込み続け、プロペラの上から下への速い速度の空気の再循環が生じて急激に揚力を失う現象のことである。ボルテックスリングステートを予防するためには、取扱説明書等で指定された下降率範囲内で飛行させる必要がある。ここで下降率とは、単位時間当たりの下向きの高度変化のことである。

一方で、ヘリコプターの垂直上向き方向の上昇には大きなパワーを必要とすることから、緊急時を除いてできるだけ避けるべき操縦方法である。上昇率とは、単位時間当たりの上昇する高度のことであり、遵守する必要がある。

POINT

◆回転翼航空機（マルチローター）

マルチローターの運航の特徴は、飛行機や同じ回転翼航空機に分類されるヘリコプターが求める離着陸エリアより比較的狭い離着陸エリアで運用が可能で、垂直方向の離着陸が安定して行えるといった特徴がある。

一等

マルチローターにおいて、使用機体と飛行計画をもとにしたリスク軽減策の検討要素の例示として、次のようなものが考えられる。

離着陸地点において、機体と操縦者、補助者及び周囲の物件との離隔を十分に確保する、地面効果の影響がある高度の飛行はできるだけ短くするといった要素が考えられる。

一等

次に、リスク軽減策を踏まえた運航の計画の立案である。

先のリスク軽減策の検討要素を踏まえ、離陸地点で機体と操縦者及び補助者との離隔距離を3m以上または機体の取扱説明書等に記載のある離隔距離を保つというように、具体化した上で運用計画に盛り込む。

問題259

回転翼航空機（マルチローター）の特性に合わせた運航上の注意点に関する説明として、誤っているものを一つ選びなさい。

1）安全上の観点から、プロペラガードの装着が望ましい。プロペラガードの装着が難しい場合には、離着陸エリアをより広く設定し、機体と操縦者及び補助者との離隔距離を十分に確保する

2）マルチローターにも、ヘリコプターと同様、地面効果の影響がある。下降時には、複数のローターの直径を合計した半分程度の高度から地面効果の影響が出始める

3）マルチローターはローターの回転数を十分に高めなければ、離陸に必要な揚力を得ることができない。取扱説明書等で離陸に必要な回転数を確認しておく

答え　3）

解説

マルチローターの特徴の一つは、複数のローターの回転数を機動的に変えることで、上昇・下降、左右旋回が行え、そして姿勢を傾けることで前後左右の移動が行えることである。

一方、ヘリコプターは、ローターが一定の回転数に達した後に、ローターブレードのピッチ角を変えること揚力を得て、上昇・下降を行う。前後左右の移動は、ローター面を傾けることで行う。このピッチ角とローター面の傾きのコントロールは、スワッシュプレートと呼ばれる複雑な機構により行われる。そして左右旋回は、テールローターの出力を強めたり弱めたりすることで行われる。

一等　問題260

回転翼航空機（マルチローター）の飛行計画におけるリスク軽減策の検討要素の説明として、誤っているものを一つ選びなさい。

1）離着陸地点において、機体と操縦者、補助者及び周囲の物件との必要な安全距離を確保する

2）機体が離陸した直後、左右のどちらかに横滑りするために、予め移動方向を予測し、反対の舵を素早く切ることで横滑りを抑制する

3）地面効果範囲内の飛行時間を短くする

答え　2）

解説

選択肢2）は、マルチローターの特徴ではなく、ヘリコプターの特徴をいっている。

例えばメインローターが反時計回りだとすると、機体には反トルクの時計回りの力が生じる。このとき、テールローターによって右向きの推力を与えることで、反トルクによる機体の回転に対抗する。この結果、離陸直後に機体は右向きに横

滑りするように移動する。この現象が選択肢2）のことである。

操縦者は、機体が右に横滑りを始めることを予測して、素早く左向きの舵を入れることで横滑りを抑制できる。この横滑りの現象は、一つのローター（メインローター）で推力を生み出す弊害であって、マルチローターのように複数の偶数個のローターが、しかも隣り合うローターが互いに反対方向に回転することにより、互いの反トルクを打ち消す構造であるマルチローターには起き得ない現象であることが理解できる。

一等　問題261

回転翼航空機（マルチローター）の飛行計画におけるリスク軽減策の検討要素の説明として、誤っているものを一つ選びなさい。

1）飛行経路において、人や物件との必要な安全距離を確保する
2）緊急着陸地点の確保、及び第三者の立ち入りの抑制といった安全確保方法を飛行前に検討する
3）フェイルセーフとしてのオートローテーション機能の理解と飛行訓練を実施する

答え　3）

解説

オートローテーション機能は、マルチローターではなく、ヘリコプターに（すべてのヘリコプターではないが）備わるフェイルセーフ機能である。オートローテーション機能とは、メインローターを駆動するモーターまたはエンジンが何らかの異常で停止した際に、機体が落下することで下から上に向かう空気の流れを利用してメインローターを回転させ、揚力を生み出す仕組みのことである。ただし、機体が十分な高度を取っていなければ十分な揚力を発生する前に墜落するとか、メインローターと異常が発生した駆動系を切り離す必要があるといった作動条件がいくつかある。

一等　問題262

回転翼航空機（マルチローター）のリスク軽減策を踏まえた運航計画に立案として、誤っているものを一つ選びなさい。

1）離着陸地点は操縦者及び補助者と３ｍ以上離れることを推奨する。取扱説明書等に推奨距離が記載されている場合は、その指示に従う

2）離着陸地点は周囲の物件から30ｍ以上離すことができる場所を選定する。距離が確保できない場合は、補助者を配置する等の安全対策を講じる

3）飛行中断に備え、飛行経路上又はその周辺に緊急着陸地点を事前に選定する。また、バッテリー残量等、機体の状況により離陸地点に帰還可能と判断できる場合には、最短経路で帰還させる

答え　3）

解説

選択3）の前半部分、緊急着陸地点を事前に選定することは正しい手順であるが、後半は短絡的な部分がある。飛行中断を判断した際の離陸地点への帰還は、必ずしも最短経路で行う必要はない。もちろん、バッテリー残量を鑑みて、最短経路を選択することは合理的判断であるが、その帰還経路上には建物、樹木や送電線といった障害物があることが考えられる。また、フレネルゾーンが確保できるかどうかの観点で考える必要もあるかもしれない。最短経路が安全な経路とは限らない。

いずれにしても、帰還経路は飛行中断の判断をしてから考えるのではなく、飛行経路を決定した際に、どこまで機体が進行したか、その際にバッテリー残量がいくらかを想定し、帰還の可否と、帰還の場合の安全な帰還経路を計画しておく必要がある。もちろん、この計画は関係者間で十分に共有し、補助者の役割等も予め決めておく必要がある。

POINT

◆大型機（最大離陸重量25 kg 以上）

最大離陸重量が25 kg 以上の大型機の運航の特徴は、機体が重く大きいことから、事故発生時の影響が当然のことながら大きい。運航者及び操縦者に対しては、運航の習熟度並びに安全意識が十分に高いことが求められる。機体については、慣性力が大きなことから、増速・減速・上昇・下降・旋回等の移動に要する時間と距離が長くなることから、障害物回避については特に注意が必要となる。緊急着陸地点についても、比較的広い場所が必要となる等、小型機とは違った配慮が必要である。

一等

マルチローターにおいて、使用機体と飛行計画をもとにしたリスク軽減策の検討要素の例示として、次のようなものが考えられる。

飛行速度に応じた障害物回避に必要な時間や距離を事前に把握するといった要素が考えられる。

一等

次に、リスク軽減策を踏まえた運航の計画の立案である。

先のリスク軽減策の検討要素を踏まえ、障害物回避等、機体の進行方向を変える場合は、時間的、距離的な余裕を十分に考慮した飛行経路及び飛行速度を設定するというように計画し、運用計画に盛り込む。

問題263

最大離陸重量が25 kg 以上の大型機の特性に合わせた運航上の注意点に関する説明として、誤っているものを一つ選びなさい。

1）大型機は、事故発生時の影響が大きいことから、操縦者の運航への習熟度及び安全運航意識が十分に高いことが要求される

2）大型機は機体の慣性力が大きいことから、機体の増速・減速・上昇等に要する時間と距離が長くなるため、障害物回避には特に注意が必要である

3）離着陸エリア及び緊急着陸地点は、小型機と同等の範囲が要求される

答え　3）

解説

大型機はそもそも機体が大きいことから、安全マージンも大きく取る必要があり、広い離着陸エリアを必要とする。機体重量が重いことから増速及び減速に時間と距離を必要とし、飛行機の場合は長い滑走路を必要とする。また、大型機はローターやプロペラ、モーターまたはエンジンの騒音も大きくなるために、飛行経路周辺への配慮も必要になる。

一等　問題264

最大離陸重量が25kg以上の大型機の飛行計画におけるリスク軽減策の検討要素の説明として、誤っているものを一つ選びなさい。

1）機体重心の変化による飛行性能への影響を把握する
2）飛行速度に応じた障害物回避に必要な高度を事前に把握する
3）離着陸地点及び飛行経路周辺の騒音問題対応を検討する

答え　2）

解説

大型機において、障害物回避に必要な情報は、飛行速度に応じた高度ではなく、時間と距離である。これは、慣性力が大きいことから、増速・減速・上昇等に要する時間と距離が長くなることが理由である。

また、機体の重心が飛行中に移動すれば、モーメントが発生し、機体の安定性に影響を及ぼす。よって、機体の重心は可能な限り機体の中心に合致するように重量物を配置し、動かないように固定する。しかし、重量物を吊り下げて飛行させる等、やむを得ない場合には、可能な限り加速度が発生しないように、すべての動作を緩やかに行う必要がある。高い操縦技術と風向・風力の先読みやバッテリー残量の想定といった高い運航能力が求められる。

一等　問題265

最大離陸重量が25 kg 以上の大型機のリスク軽減策を踏まえた運航計画に立案として、誤っているものを一つ選びなさい。

1）障害物回避等、機体の進行方向を変える場合は、時間的、距離的な余裕を十分に考慮した飛行経路及び飛行速度を設定する

2）緊急着陸地点は、河川敷、農地等、第三者の進入が少ない場所を選定し、補助者を立てる等といった必要に応じた立ち入り禁止措置を検討する

3）大型機が立てる騒音や心理的不安を解消するために、高高度を飛行経路とし、機体の視認性をあえて落とし、また、地表面との離隔距離を取る

答え　3）

解説

大型機を高高度まで上げるには、時間とエネルギーをあえて使うことになる。墜落時には位置エネルギーも大きいことから被害も大きくなることが想定される。やむを得ない場合を除いて、高高度の飛行経路は積極的に選ぶ選択肢ではない。

まずは、飛行範囲とその近隣エリアへの事前説明、調整を計画し、実施する。同時に、障害物回避や墜落を想定した被害規模・範囲、騒音対策等の観点で飛行経路と必要な高度を検討する。

4.4 飛行の方法に応じた運航リスクの評価及び最適な運航の計画の立案

POINT

◆夜間飛行

夜間飛行は、当然ながら昼間の飛行と比較して、機体の姿勢及び方向の視認、周囲の安全確認が困難となる。このことから、機体の向きを視認できる灯火が装備された機体を使用する等といった安全対策が必要となる。また、操縦者は事前に第三者の立入りのない安全な場所で、十分に訓練を実施し、経験を積んでおく必要もある。

一等

夜間飛行の実施においては、夜間飛行特有のリスクの軽減を図る必要があり、そうしたリスク軽減策を踏まえた運航を計画しなければならない。例えば、機体の姿勢及び方向が認識しにくいというリスクに対しては、リスク軽減策として、機体の向きを視認できる灯火等が装備してある機体を使用するといったことが考えられる。

◆目視外飛行

目視外飛行は、機体の状況（姿勢・方向）や機体周辺の障害物等の状況を直接肉眼で確認できない。したがって、例えば自動操縦システムを装備した上で、機体に搭載したカメラにより機体周辺の様子を確認できるといった装備が求められる。ほかにも、地上においてリアルタイムで無人航空機の飛行位置情報や異常の有無を把握できる機能といったものも求められる。また、先の装備は、補助者の配置有無によっても、必要とする装備・システム等の要件も変わってくる。補助者の配置有無それぞれの場合に応じた要件を理解しておく必要がある。

一等

目視外飛行の実施においては、リスクを軽減する要素項目を挙げ、リスク軽減策を踏まえた運航を計画しなければならない。これには、補助者ありの場合と、補助者なしの場合の２通りが考えられ、基本的には補助者ありの場合の運航計画が基本となり、補助者なしの場合はこの基本に加えて、追加のリスク軽減策の策定と計画を考える必要がある。

例えば、補助者ありの場合に、飛行経路とその周辺の障害物等、安全な飛行を妨げる障害物を事前に把握し、適切な飛行経路の設定が必要であるが、リスク軽減策としては飛行エリアの事前の障害物等の確認と適切な飛行経路の設定が挙げられる。

問題266

夜間飛行の特性に合わせた運航上の注意点に関する説明として、誤っているものを一つ選びなさい。

1）操縦者は事前に第三者の立入りのない安全な場所で、昼間（日中）に訓練を実施すること

2）目視外飛行は実施しない

3）機体の向きを視認できる灯火が装備された機体を使用する。また、離着陸地点や障害物周辺を照明で照らす

答え　1）

解説

第三者の立ち入りのない安全な場所で、夜間に訓練を実施することが必要である。この際、機体に姿勢と方向が視認できる灯火装置が装備された機体を用いる。また、夜間においては、離隔距離の確認といった周囲の安全確認が難しいため、目視外飛行は原則、行わない。

一等　問題267

夜間飛行のリスク軽減策に関する説明として、誤っているものを一つ選びなさい。

1）操縦者は事前に夜間飛行訓練を終了したものに限定する

2）目視外飛行は実施しない

3）機体に装備された灯火装置が視認できる範囲に危険半径を加えた範囲を飛行範囲と設定する

答え　3）

解説

飛行範囲は、機体に装備された灯火装置が視認できる範囲に設定する。この飛行範囲に危険半径を加えた範囲は、もちろん飛行範囲より大きい範囲になるが、飛行管理区域として設定し、第三者の立ち入りを管理する。操縦者は、飛行範囲から逸脱させる飛行をしてはならない。

一等　問題268

夜間飛行のリスク軽減策に関する説明として、誤っているものを一つ選びなさい。

1）操縦者と補助者との連絡方法は、手段及びルール等を確実なものとする
2）第三者の立ち入りの可能性が高い地点を予め特定し、対策を講じる
3）離着陸地点及び回避すべき障害物は照明で常時照らす。緊急着陸地点は、緊急事態発生時に速やかに照明で照らすことが可能なように体制を整える

答え　3）

解説

緊急着陸地点を含む離着陸地点と、飛行における障害物は、常時、照明で照らした状態で飛行させる。選択肢3）のように、緊急事態発生時で一刻の猶予もない状態において、緊急着陸地点の照明がつかないといったリスクを回避するためにも、飛行前に照明をつけることで飛行管理下の安全を確保する。

一等　問題269

夜間飛行のリスク軽減策に関する説明として、誤っているものを一つ選びなさい。

1）第三者が出現する可能性が高い地点には、立て看板やロープ等で立ち入りを抑制する工夫を施す
2）操縦者と補助者は常時連絡が取れる機器を使用する
3）補助者についても、機体特性を十分理解させておく

答え　1)

解説

夜間飛行において、第三者の立ち入りの可能性が高い地点については、補助者を配置し、しっかりと管理する体制を確保する必要がある。立て看板やロープの設置といった措置は、第三者の立ち入りの可能性が高くはないが、万が一の可能性に対する措置と考えるべきである。

問題270

補助者を配置する場合の目視外飛行に用いる機体等の装備に関する説明として、誤っているものを一つ選びなさい。

1）自動操縦システムを装備の上で、機体に設置したカメラ等によって機体の外の様子が監視できる

2）無人航空機の位置及び異常の有無を、地上において把握できる

3）GNSS電波受信の異常時に離陸地点にまで自動で帰還する機能といったフェイルセーフ機能が正常に動作する

答え　3)

解説

GNSS電波を何らかの理由で正常に取得できない場合、GNSS以外により位置情報を取得できる機能を備えていない限り機体の自己位置が推定できないことから、自動帰還は不可能である。この場合の現実的なフェイルセーフ機能の仕様は、その場での安全な自動着陸となる。

問題271

補助者を配置しない場合の目視外飛行に用いる機体等の装備に関する説明として、誤っているものを一つ選びなさい。

1）航空機からの視認をできる限り容易にするため、灯火を装備する。または飛行時に機体を認識しやすい塗色を行う

2）地上において、機体に設置されたカメラ等により進行方向の航空機の状況が常に確認できる

3）第三者に危害を加えないことを、製造事業者等が証明した機能を有する。

ただし立入管理区画（第三者の立入りを制限する区画）を設定し、第三者が立ち入らないための対策を行う場合、又は機体や地上に設置されたカメラ等により進行方向直下及びその周辺への第三者の立入りの有無を常に監視できる場合は除く

答え　2）

解説

航空機の監視については、進行方向だけでなく、飛行経路下全体を機体に設置されたカメラだけでなく、地上に設置したカメラ等もあわせて、常時監視可能となる設備と体制を整える必要がある。

問題272

補助者を配置しない場合の目視外飛行に用いる機体等の装備に関する説明として、誤っているものを一つ選びなさい。

1）地上において、機体の針路、姿勢、高度、速度及び周辺の気象状況等を把握できる

2）地上において、計画上の飛行経路と飛行中の機体の位置の差を把握できる

3）十分な飛行実績または机上の運用シミュレーションを通じた緊急時対応と異常時対応が可能となる機体を使用すること

答え　3）

解説

補助者を配置しない目視外飛行は、高リスクな飛行形態であることから、用いる機体は緊急時対応等に長けた機能を有するだけでなく、実際の飛行実績も加味される。特に故障率曲線（バスタブ曲線）においては、初期故障期間を超えて、バグ出しを終えている機体を使わなければならない。

一等　問題273

補助者を配置する場合の目視外飛行のリスク軽減策に関する説明として、誤っているものを一つ選びなさい。

1）操縦者及び補助者は事前に目視外飛行訓練を終了したものに限定する

2）事前の目視確認等で適切な飛行経路が検討できている

3）飛行前に、飛行経路下に第三者が存在しないことを確認する

答え　1）

目視外飛行の訓練は、操縦者には当然履修が求められるが、補助者に対しては絶対ではない。ただし、補助者に対しては、目視外飛行のリスクや機体特性を十分理解させておく必要がある。

一等　問題274

補助者を配置しない場合の目視外飛行のリスク軽減策に関する説明として、誤っているものを一つ選びなさい。

1）操縦者は、補助者無し目視外飛行の教育訓練を修了したものに限定する
2）飛行経路はできる限り第三者が存在しない場所を選定する
3）有人機の運航を妨げない飛行範囲を設定する

答え　2）

解説

補助者を配置しない場合の目視外飛行は高リスクであるために、飛行経路下とその周辺の飛行範囲は、第三者の存在ができる限りいないという努力目標で設定するのではなく、可能な限り第三者がいない場所を設定する必要がある。

問題275

補助者を配置する場合の目視外飛行のリスク軽減策に関する説明として、誤っているものを一つ選びなさい。

1）飛行経路全体が見渡せる位置に飛行状況及び周囲の気象状況の変化等を常に監視できる双眼鏡等を有する補助者を配置し、操縦者へ必要な助言を行うこと
2）補助者が安全に着陸できる場所を確認し、操縦者へ適切な助言を行うことができること
3）補助者から必要なときに操縦者に連絡が取れること

答え　3）

解説

操縦者と補助者との連絡は、双方向でかつ常時連絡可能な状態でなければならない。どちらか一方向であったり、適宜接続し直すといった形態では不十分である。

操縦者一人に対して、複数人が配置される補助者が同時に常時連絡を取れる手段となると、Web会議システムであったり、高性能なトランシーバーが考えられる。また、ルールの確立も必須であり、東西南北の方位の認識合わせや監視エリアの確実な分担等、事前の十分な調整が必要である。

問題276

補助者を配置しない場合の目視外飛行のリスク軽減策に関する説明として、誤っているものを一つ選びなさい。

1）飛行経路は、山、海水域、河川・湖沼、森林、といった第三者が存在する可能性が低い場所を設定する

2）空港等における進入表面等の上空の空域、航空機の離陸及び着陸の安全を確保するために必要なものとして国土交通大臣が告示で定める空域の飛行は行わない

3）地表若しくは水面から150 m以上の高さの空域は、飛行経路を短縮あるいは単純化できる効果が見込める場合には、積極的に選定する

答え　3）

解説

目視外飛行はリスクが高い飛行方法であるため、さらに高高度の飛行経路を選択することは避けるべきである。特に地表面あるいは水面から150 m以上の上空は、基本的に航空機が飛行する領域であるため、かえってリスクが高まることから、合理的な理由がない限り選択してはならない。

一等　問題277

カテゴリーⅢ飛行におけるリスク軽減策の具体的対策例として、誤っているものを一つ選びなさい。

1）可能な限り第三者の立入りが少ない飛行経路を設定する

2）飛行経路付近に緊急着陸地点や不時着エリアを設定する
3）飛行経路からの逸脱を防止するためのオートローテーション機能を設定する

答え　3）

解説

オートローテーション機能とは、回転翼航空機（ヘリコプター）において何らかの理由で動力が停止して揚力を失っても、降下するヘリコプターのメインローターを下方から上方へと通過する空気の流れを使ってメインローターを回転させて揚力を得ることができる仕組みのことです。この揚力によって、安全な場所に不時着をさせます。選択肢3）の飛行経路からの逸脱を防止する機能は、ジオフェンス機能が適当です。

一等　問題278

カテゴリーⅢ飛行において飛行許可・承認申請を行う場合に、飛行形態に応じたリスクの分析・評価及びその結果を提出することが求められています。リスクの分析及び評価において考慮すべき事項として、誤っているものを一つ選びなさい。

1）飛行の日時、飛行する空域及びその地域といった基本的事項を含む運航計画
2）飛行経路における人との衝突リスク（地上リスク）及び航空機との衝突リスク（空中リスク）
3）無人航空機を飛行させる者の飛行実績及び事故履歴の内容

答え　3）

解説

無人航空機を飛行させる者に関するリスクの分析及び評価において考慮すべき事項は、無人航空機操縦者技能証明及び訓練の内容の二つである。

一等　問題279

カテゴリーⅢ飛行において、無人航空機を飛行させる際の適切な運航管理の体制を維持するため、リスク評価の結果に基づくリスク軽減策の内容を記載した飛

行マニュアルの作成・遵守をすることが求められる。当該飛行マニュアルに記載する事項として、誤っているものを一つ選びなさい。

1）無人航空機の点検・整備の方法
2）無人航空機を飛行させる者の技能要件とレベル
3）無人航空機を飛行させる際の安全を確保するために必要な体制

答え　2）

解説

運航管理の体制を維持するために、無人航空機を飛行させる者に求める事項は、技能要件・レベルではなく、知識及び能力を習得・維持するための訓練方法及び訓練を含む飛行記録や遵守しなければならない事項などである。

一等　問題280

カテゴリーⅢ飛行の飛行許可・承認の審査要領においては、リスク評価ガイドラインによるリスク評価手法を活用することが推奨されている。このリスク評価ガイドラインはJARUS（Joint Authorities for Rulemaking of Unmanned Systems）のSORA（Specific Operations Risk Assessment）を参考に作成されている。このガイドライン中にある概念（基本コンセプト）として、正しいものを一つ選べ。

1）セマンティックモデルに定義される空間は二つ。無人航空機の飛行の目的や、機体やシステムの性能、環境に応じて設定される飛行範囲である「想定飛行空間」と、機体や外部システムの異常・外乱の影響で想定飛行空間を外れて飛行してしまうことに備えた「異常飛行空間」である
2）ロバスト性（外部の変化や障害に対して強く、安定して機能する能力）を評価する水準は二つある。安全確保措置により得られる「安全性の水準」（安全性の増加）と、計画されている安全性の確保が確実に実施されることを示す「保証の水準」（証明の方法）である
3）リスク評価における「総合リスクモデル」とは、無人航空機の開発プロセスにおけるリスク、ハザード、脅威、安全確保措置の一般的な枠組みのことである

答え　2）

解説

セマンティックモデルに定義される空間のうち、想定飛行空間を外れて飛行してしまうことに備えた空間は、「想定外飛行空間」といわれる。また、リスク評価における「総合リスクモデル」とは、無人航空機の開発プロセスではなく、無人航空機の運航におけるリスクモデルのことである。

索　引

■ア　行■

■カ　行■

■サ　行■

マ　行

ヤ　行

ラ　行

英　字

〈監修者・著者略歴〉

野 波 健 蔵（のなみ　けんぞう）

一般財団法人 先端ロボティクス財団 理事長
1979 年東京都立大学大学院工学研究科機械工学専攻博士課程修了、1994 年千葉大学教授、2008 年千葉大学理事・副学長（研究担当）、2014 年千葉大学特別教授、2017 年より千葉大学名誉教授。
［著書］
『ドローン操縦士免許完全合格テキスト―学科試験＋実地試験対応―』（監修、オーム社）
『ドローン産業応用のすべて―開発の基礎から活用の実際まで―』『続・ドローン産業応用のすべて―進化する自律飛行が変える未来―』（編著者、オーム社）
『ドローンのつくり方・飛ばし方　―構造・原理から製作・カスタマイズまで―』（共著、オーム社）　など。

佐 藤　 靖（さとう　やすし）

株式会社アウトパフォーマンス代表取締役
一般社団法人 日本ドローンコンソーシアム認定指導員・検定員
2015 年 4 月 株式会社エネルギア・コミュニケーションズ（当時）にて新規事業としてドローン事業の立上げより従事。特にドローンによる空撮と AI 画像解析技術を組み合わせた電気設備点検のシステム開発に注力する。2022 年 9 月 同社を退職、株式会社アウトパフォーマンスを設立。
［著書］
『ドローン操縦士免許完全合格テキスト―学科試験＋実地試験対応―』

ドローン操縦士免許 学科試験 的中問題集

2023 年 12 月 22 日　　第 1 版第 1 刷発行
2024 年 7 月 10 日　　第 1 版第 2 刷発行

監修者　野波健蔵
著　者　佐藤　靖
発行者　村上和夫
発行所　株式会社 オーム社
郵便番号　101-8460
東京都千代田区神田錦町 3-1
電話　03(3233)0641(代表)
URL　https://www.ohmsha.co.jp/

印刷・製本　精文堂印刷
ISBN978-4-274-23143-8　Printed in Japan